Jodlaavan matikkakoiran poika

Kalavaleita

Markku Myllylä

Jodlaavan matikkakoiran poika

Kalavaleita

Kustantaja: BoD – Books on Demand, Helsinki, Suomi
Valmistaja: BoD – Books on Demand, Norderstedt, Saksa

ISBN: 978-952-8021254

Sisältö

Alkusanat

Tässä kirjassa valehdellaan surutta. Kerrassaan aivan kauheita kalavaleita kerrotaan niin, että korvat heiluvat. Suomen vesiltä on pyydetty aivan kammottavan suuria kaloja, Kuusamostakin mormyskapilkillä semmoinen hauki, että pelkkä sen digikuvakin painaa kuudetta kiloa. Ilman kehyksiä. Ja Perämerestä mato-ongella semmoinen siikakin, että pelkästään sen varjon suolaamiseen kului puolitoista kiloa merisuolaa.

Tämä kirja on jatko-osa v. 1993 toimittamalleni ”Jodlaava matikkoira” kirjalle. Siinä oli noin 800 erilaista kalavitsiä ja kaskua, jotka valittiin kalavitsikilpailuun lähetetyistä jutuista.

Tämän kirjan ”Jodlaavan matikkakoiran poika” aineisto on koottu uudella 2000 vuosituhannella. Kirjassa on noin 700 erilaista kalajuttua.

Kiitokset suuret kertojille mehevistä jutuista. Kirjan lopussa on luettelo kaikista henkilöistä, joiden kertomia kalajuttuja olen merkinnyt muistiin.

Toivotan rattoisia lukuhetkiä 2000-luvun kala- ja kalastusaiheisten kaskujen, vitsien, sutkausten, aforismien, anekdoottien ja muiden kalavesien sattumuksien parissa.

Tämän kirjan toteuttamisen on mahdollistanut Alfred Kordelinin säätiön v. 2009 myöntämä apuraha.

Kuusamon Rukaniemessä

29.2.karkausvuonna 2020

Markku Myllylä

Kalavaleiden ja juttujen taustaa

Kalastus on hauska ja monipuolinen harrastus. Saaliin lisäksi kalavesiltä saadaan hienoja luontoelämyksiä ja muuta virkistystä. Kalavesillä sattuu ja tapahtuu kaikenlaista mielenkiintoista ja näitä kerrotaan jälkikäteen niin erätulilla kuin kotonakin. Missä kaksi tahi useampi kalamiestä tai naista tapaavat, niin juttu luistaa ja suu on kohta messingillä.

Kalajuttuja ja niiden erilaisia muunnoksia on varmasti tuhansia ja kaikkia niitä ei ole saatu koskaan laitettua kirjoihin ja kansiin. Kalajutut myös elävät ja muuntuvat kulloisellekin ajalle tyypillisiksi. Kalajutuissa näkyy myös kalastusvälineiden ja kalastustapojen kehitys. Viime vuosituhannella eli 1900-luvuilla yleisesti kerrotut nuotta- ja rysäjutut ovat vähentyneet, sen sijaan vapapyydyksiin liittyvät jutut ja kaskut ovat puolestaan runsastuneet uudella 2000 vuosituhannella.

Monet näistä ovat ns. kiertolaisia, kaava on sama, mutta vesistö, vuodenaika, paikkakunta, kalalaji, henkilöt tai jopa valtiokin vaihtelevat. Jossakin muodossa monet perinteiset kalajutut löytyvät useistakin kaskukirjoista ja vitsipalstoilta. Nykyaikana kalajuttuja ja -vitsejä löytyy myös netistä.

Kalavaleet ovat kalajuttujen aivan oma sarjansa. Ja yleensä näissä valeissa liioitellaan saadun kalan suuruutta tai sitten muutetaan kalaton reissu valeella todella antoisaksi saaliin suhteen. Tavallisimmin taitavat kalamiehet eivät juuri leveile saamillaan suurilla kaloilla tai kalansaaliillaan, varmimmin kalavaleita laskettelevat onnettomat onkimiehet, jotka eivät ole isoja kaloja edes koskaan nähneetkään.

Muinaisaikoina keräily- ja pyyntikulttuurin aikana taitavat kalamiehet ja naiset olivat kyläyhteisössä arvostettuja henkilöitä. He osasivat pyydystää ruokapöytään syötävää kaikkina vuodenaikoina ja kaikkia kalalajeja sesongin mukaan. Näiden arvostettujen kalataitajien joukkoon yritettiin sitten kalavaleilla päästä.

Kalajuttuja kerrotaan runsaasti kuuluisissa kalapitäjissä. Varsinkin savolaiset ovat kunnostautuneet kalavaleiden ja muiden hersyvien kalajuttujien kertojina. Asuinkuntani Kuusamo on varsinainen kalajuttujen aarreaitta. Paikallislehti Koillissanomat on 1950-luvulta lähtien kirjannut palstoillaan aina silloin tällöin paikkakunnan ja lähipitäjien kalastukseen liittyviä tarinoita. Varsinkin Muikku-laatikko palstalla on jatkuvasti ollut nauruhermoja kutkuttavia kalajuttuja. Myös paikallislehti Koillismaan Uutiset on julkaissut runsaasti kalakaskuja. Kuusamon Uistin Oy:n vuosikatalogeista löytyy myös meheviä kalajuttuja. Tässä kirjassa on lukuisia tarinoita Kuusamon kalaisilta vesiltä.

Vuonna 1993 toimitin suuren kalajuttukilpailun aineistosta kirjan ”Jodlaava matikkakoira”. Tämän urakan jälkeen ryhdyin systemaattisesti kokoamaan ja taltioimaan uusia kuulemiani kalakaskuja ja vitsejä ja sattumuksia. Kenkälaatikkoon 25 vuoden aikana keräämässäni aineistossa on yli 1000 kaskua ja juttua.

Tähän “Jodlaavan matikkakoiran poika“ kirjaan on aineistosta valittu noin 700 kalajuttua, kalavaletta, kaskua, vitsiä ja sattumusta.

Alkupaloja

Kalamiehen rukous: Anna hyvä Jumala kerrankin niin paljon ja isoja kaloja, ettei aina tarvitse valehdella.

Ammattikalastajan sijoitusvihje: Ostakaa merisuolaa ja paljon. Menen tänään kokemaan siikaverkkoja.

Sinä se sitten jaksat kehua sitä Kuusamossa Rukajärvellä olevaa kesämökkiäsi. Kait siinä on jotakin vikaakin?
- Niin onkin. Järvessä on niin paljon kaloja, että niitä täytyy hätistellä pois tieltä, jos haluaa ämpärillisen vettä rantasaunaan.
-Ja toisekseen, ongella on vähän hankalaa, kun kalat ovat aina niin mahottomalla syönnillä, että matokin pitää panna koukkuun puun takana piilossa.

Kainuun kalavesiltä kerrotaan, että isoja haukia ja kuhia on täällä valtavasti. Kuhmon Iivantiirassa isännät sanovat, että kuhia on niin paljon, että häiritsevät jo metson soidinta.

Sain eilen virvelillä hauen. Aukaisin sen ja vatsasta löytyi pienempi hauki. Sen vatsasta löytyi ahven. Ahven oli herkutellut muikkuparvessa. Tänään vaimo leipoi muikuista viisi kalakukkoa.

Kalakaverin vaari oli kuolinvuoteella, oli jo niin huonona, että pappikin oli paikalla. Vaarilta kysyttiin, että
- Kuopataanko vaarin ruumis vai poltetaanko?
Johon vaari kovana kalamiehenä vastasi:
- Eikun savustetaan...

Kuusamossa Kitkajokivarressa tiedetään, että muista kahlaajista perhokalastajan erottaa siitä, että sillä on punaiset jalat ja siniset munat.

Muuan kuusamolainen isäntä kertoi Verkko-Veikon kalaparlamentissa saaneensa niin ison siian Ihtingistä, että sen suomuilla saattoi pelata Kiuta-Baarissa 50-pennin pajatsoa.

Kerran toin kotiin niin ison kalan, että jos se olisi tullut verottajan tietoon, siitä olisi peritty huvivero.

- Voi jeesuksen tuhatta tolpanväliä havupuita ja joka neulasen nokassa perkele, mesosi hauenkalastaja Horttanainen, kun peruke katkesi ja iso hauki vei mennessään parhaimman uistimensa, kullitetun (=kullanvärisen) Professorin.

Sain eilen sen verran ison siian, että sen varjonkin suolaamiseen meni puolitoista kiloa merisuolaa!

Ottiviehe voidaan määritellä seuraavasti: sellainen keinotekoinen koukuilla varustettu houkutin, jolla saadaan varmimmin kalaa. Yleensä ottavin on 50 euron seteli, jolla saa Prisman matalikon kalatiskiltä aika hyvin kalaa ja isojakin kotiin vietäväksi.

Minäkin sain Kitkajärvestä niin isoja ahvenia, että ne piti paistaa paistinpannulla pystyasennossa.

Amerikkalainen aikakauslehti Valitut Kalat teki juttua Tenolta. Otsikoksi muotoutui viikon aineiston keruun jälkeen: Hiljaa virtaa lantrinki.

Savukoskelainen mies tuli kunnanlääkärin vastaanotolle. Lääkäri katsoo miestä hämmästyneenä, sillä miehen päälakeen on kasvanut kiinni iso hauki. Hauki irvistelee ilkeästi tutkimuslampun loisteessa ja heiluttelee vihaisesti pyrstöään. Lääkäri kysyy hämmästyneenä:
- Mistä tämä on saanut alkunsa?
- Aluksi minulla oli peräpukamat, mutta ne vain pahenivat koko ajan. Nyt on tilanne tällainen, vastasi hauki.

Eräänä syksynä riihiniemeläiset saivat Kitkajärvestä nuotalla niin paljon muikkuja, että kaivotkin suolattiin niitä muikkuja täyteen. Niin paljon sinä syksynä Riihiniemelle kaloja nostettiin, että niemi huomattavasti kallistui järvelle päin.

Ammattikalastaja Ilveksen rysään oli uinut aivan valtava merilohi. Kalamiehet kyselivät, että kuinka suuri se lohi oli?
- Niin se oli iso se lohi, että oli syönyt mahansa pullolleen hylkeitä”.

Kerran sain kesämökkijärvestä niin suuren hauen katiskalla, että se ei sopinut katiskaan kuin istualleen.

Mistä erottaa poliitikon ja matikan toisistaan?
- Molemmat ovat yhtä liukkaita ja niljakkaita, mutta matikasta saa keitettyä hyvän keiton.

Maatalousministeriön kala- ja riistaosastolle tuli kysymys, että kuinka lähelle toisen asuttua laituria saa veneellä tulla kalastamaan. Kysyjä halusi tietää sallitun metrimäärän. Ylijohtaja vastasi: Jos nännit näkyvät niin ollaan liian lähellä.

Kuusamon Polojärvellä on isoja kaloja. Jooseppi kertoi kerran, että velipojan kanssa saivat Polojärvestä syöttikoukulla niin ison mateen, että kun sen maksa keitettiin, niin viiteen mieheen ei jaksettu sitä kerralla syödä, vaikka hikipäässä yritettiin.
- No oottepa saaneet ison matikan ihmetteli naapurin ukko. Mutta minäpä sain viime talvena rysästä vielä suuremman matikan. Kun sen nahka nyljettiin, niin kaksitoista miestä mahtui nahan päälle makaamaan.

Kalakauppias Kutramoinen väitti vastavihitylle nuorelle rouvalle, että osterit kohentavat miehen potenssia. Rouva ostikin tusinan kalliita ostereita ja syötti ne vielä samana iltana miehelleen. Seuraavana päivänä hän tuli kalakauppaan valittamaan:
- Osa ostereista oli viallisia. Vain yhdeksän niistä vaikutti.

Kalastajat istuivat tulilla iltahämärässä Kitkajoella elokuussa. Odoteltiin aamun sarastusta, jotta pääsisi taas joelle taimenen ottipaikkoja kopistelemaan. Oli siinä liikkeellä vähän Koskenkorvaakin, ajan kuluksi.
Tulilla istui myös konstaapeli, joka oli suorittamassa kalastuksenvalvontaa. Yhtäkkiä Korhonen nousi ylös ja kiersi kossupullo kourassa pari kierrosta poliisin istuinpölkyn ympäri.
- Mitä helevettiä sinä Korhonen nyt oikein touhuat, kysyi kalastuksen valvoja.
- Kierrän lakia, vastasi Korhonen.

Koskaan ei valehdella niin paljon kuin vaalien edellä, sodan aikana ja kalastuskauden loputtua.

Aforismeja kalastuksesta

Kun ihminen nukkuu, sille ei tapahdu mitään. Mutta kun se ei nuku, se voi saada vaikka kalan. Matti Nykänen Oho! lehdessä.

Kalastus on elämän parasta aikaa.

Vanha kuusamolainen määritelmä: kolmisenttinen jää kestää pilkkimiehen, viisisenttinen kestää ihmisen. Osa siikapilkkijöistä menee syksyllä pilkille pelkän veden pintakalvon varassa.

Jos ei heilaa helluntaina niin saa kalastaa koko kesän.

Saaristomerellä ahvenia hiljaisuudessa onkiessa auringonnousun aikaan saattaa joskus tulla mieleen, ettei tätä mikään RKP:n kunnallisjärjestö ole saanut aikaan. Kuultu lossijonossa Paraisilla.

Kalamiehen mietteitä: Vaimo panee vuodessa vaatteisiinsa saman summan kuin meikäläinen kalareissuihinsa. Lopputulos on molemmista sama: kuusikymmentä kiloa tavaraa pakastettuna.

Arvokalat syövät uistinta parhaiten valtion virastoissa noudatettavana työaikana. Uistintehtailija Paavo Korpua Kuusamosta.

Ei niin pientä virkaa, ettei se kalastusta ja metsästystä haittaisi. Vanha lappilainen sananlasku.

Jos maapallosta on kaksi kolmatta osaa vettä ja loput maata, niin sitä se varmaan tarkoittaa, että ihmisen pitää ajastansa käyttää kaksi kolmatta osaa kalastukseen ja loput saa sitten tärvätä muuhun.

Huonompikin kalaretki on parempi kuin tavallinen työpäivä.

Olisipa joskus aikaa perhokalastaa niin, että toivoisi, että pääsisi jo kotiin. Kitkajokivarressa kuultua.

Anna miehelle kala ja olet ruokkinut hänet päiväksi. Opeta mies kalastamaan ja pääset hänestä eroon viikonloppuisin.

Vihjeeksi kalaretken juomatarpeista Savonmaalta: Vesi ei ole hyvvää kuin venneen alla.

Ihmissyöjäkala piraijan ja aviovaimon ero on siinä, että vaimo pesee hampaansa.

Naisen ajatelmia miehen puuhista: Menen kalastamaan = Juon korillisen olutta ja seison laiturilla tai veneessä huljuttaen koukkua vedessä, eikä ohi uivilla kaloilla on käytännössä hätäpäivää.

Naisen logiikkaa: Miten Jumala, joka ei kyennyt luomaan ruodotonta kalaa, pystyi luomaan selkärangattoman ihmisen.

Kokenut ja paljon maailman kalapaikkoja ympäri maailmaa nähnyt kalamies filosofoi: - Koskaan en ole ruman naisen kanssa sänkyyn mennyt, mutta kyllä monen vierestä herännyt.

Kolmantena päivänä alkavat sekä vieraat että kalat haista. Vanha kuusamolainen sananlasku.

Kyllä Jumala kalamiestä auttaa, mutta itse se on kalavene soudettava.

lästä ikuiset ilikiät. Itätuuli vie kalat kattilasta, kaakko kasarista ja luode lusikastakin.

Se on rumaa, kun kaksi nälkäistä kiusaa toisiaan, sanoi vanha Vesilahden kalamies ongella ollessaan.

Parempi virtsa väärään kuin kusi kahluuhousuun. Vanha Näätämön sananlasku.

Mistä erottaa poliitikon ja matikan toisistaan?
- Molemmat ovat yhtä liukkaita ja niljakkaita, mutta matikasta saa keitettyä hyvän keiton.

Työ soppii sellaisille, jotka eivät ossaa kalastaa.

Kalastajan painajainen:
- Löytää ystävä verkosta.

Lapinukko saatuaan alamittaisen harrin: "Laki määrää heittämään ja maalaisjärki keittämään".

Perinteinen kalastus tarkoittaa sitä, että jotakin kalastusmuotoa tai jollakin kalastuspaikalla on kalastettu kahtena vuotena peräkkäin.

Koskaan ei valehdella niin paljon kuin vaalien edellä, sodan aikana ja kalastuskauden loputtua.

Alibikalat

Horttanainen oli lähdössä kavereiden kanssa kalalle ja sanoi vaimolleen: - Kuuleppas Siiri, me lähdetään huomenna aikaisin kavereiden kanssa kalastamaan ja saunomaan. Tulemme sitten iltamyöhällä takaisin. Horttanainen lähti aamulla aikaisin, mutta eipä palannutkaan iltamyöhällä takaisin. Eikä seuraavanakaan iltana. Vaimo alkoi hermostua, ties mitä oli sattunut. Ei ollut huomannut miehen lähtiessä kysyä, keiden kavereiden kanssa hän oli kalalle menossa. Kun ei moneen päivään kuulunut mitään miehestä, päätti vaimo lähettää tekstiviestit Horttanaisen viidelle parhaalle kaverille: - Onko Horttanainen siellä kalalla? Heti saman päivänä tuli viisi vastaustekstaria eri puolilta Suomea ja jokaisessa luki: - Horttanainen on täällä ja voi hyvin. Ole huoleti.

Nuori kalamiesmies soittaa vaimolleen: ”Minulla olisi elämäni tilaisuus lähteä työnantajan ja hänen rikkaitten toveriensa kanssa Kanadaan kalastamaan. Mitä sanot?”
” No mene vaan.”
”Vielä, voisitko pakata minun tavarat ja muista laittaa se silkkinen sininen pyjama
mukaan.”
Vaimo: ” Miksi juuri se?”
” Laita nyt vaan.”
Viikon päästä nuori mies palaa vaimonsa luokse väsyneenä.
Vaimo innoissaan kyselee: ”Tuliko mitään?”
”Joo tuli valtava määrä lohia, teräspäitä, cohoja, pinkkejä, kingejä jne. Mutta voisitko kertoa, mikset laittanut mukaan sitä minun sinistä silkki pyjamaa?”
” Laitoinhan minä sen, se oli kalapakissa”.

Suomalainen turistiryhmä istui Thaimaassa hotellin uima-altaalla. Kaikki olivat varsin vähissä vaatteissa, lämpöä kun piisasi, paitsi yksi mies. Hänellä oli pitkät housut ja pitkähihainen paita tiukasti napitettuna. Kului viikko, mutta mies ei vähentänyt vaatetustaan. Viimein eräs matkaseurueen jäsen tiedusteli, että onko sinulla jokin vaikea sairaus, kun suojaat noin tehokkaasti ihosi auringon paisteelta.
- Ei suinkaan vastasi mies. Sanoin kotona lähtiessä vaimolle, että lähden kahden viikoksi Enontekiölle rautupilkille. Täytyy nyt vain varoa, etteivät muut paikat kuin kasvot ja ranteet rusketu.

Mies oli lähdössä pariksi päiväksi kavereiden kanssa pilkille Lappiin, tarkoitus oli mennä hiihtämällä muutamalle tunturijärvelle, rautuja pilkkimään. Vaimo jostain syystä epäili tällaista "rautuhiihtoa" ihan joksikin muuksi, joten liimasi purukumin miehen metsäsuksen pohjaan. Tämä samainen purkka oli suksen pohjassa miehen palatessa pilkkireissulta, joten käry kävi pahemman kerran.

Ryynänen ja Horttanainen tulivat aamulla tuhannen tuiskeessa Kuopion torin kalakauppaan ja sanoivat kalakauppiaalle.
- Saammeko pyytää teiltä neljä taimenta ja kolme kiloa ahvenia.
- No mitenkäs te tänään olette näin kohteliaalla tuulella, ihmetteli kalakauppias Muikku.
- No kyllä meidän täytyy olla, koska haluamme olla rehellisiä kotona. Lähdimme eilen kalareissulle ja haluamme kotona sanoa rehellisesti, että olemme todella pyytäneet nämä kalat.

Ammatillisia

Tohtori Mannermaa oli seurueineen uistelemassa haukia ja syönti oli hyvä. Haukia ei kuitenkaan tahdottu saada veneeseen, sillä nostokoukun varressa ollut tohtori ei oikein osannut koukata, milloin hän koukkasi ohitse, milloin katkesi siima jne. Viimein eräs seurueen jäsenistä, lakimies Pykäläinen hermostui ja tokaisi:
- Pane nyt tohtori se nostokoukku pois ja kirjoita niille hauille vaikka jokin myrkkyresepti että tokenevat.

Lakimies Pykäläinen valitteli kalakaverilleen tohtori Mannermaalle, että hänen vaimonsa on kehittänyt pettämättömän konstin, jolla se saa selville miehensä kotiintuloajan kalastusseuran kokouksesta.
- Jos minä olen tuulikaapissa aamulla alimmaisena ja Helsingin Sanomat päällimmäisenä, olen tullut ajoissa kotiin. Mutta jos Hesari on alimmaisena ja minä päällimmäisenä, niin silloin on kokous kestänyt myöhään.

Mökkinaapurukset maisteri ja ankara kalamies olivat oikeudessa leivättömän pöydän ääressä.
Maisteri syytti oikeudessa kalamiestä herjauksesta. Hän väitti kalastajan haukkuneen häntä puupääksi.
- En minä maisteria puupääksi nimittänyt. Totesin vain veneessä, että maisteri on hyvä ja laittaa lakin päähän, kun näyttää käpytikka lentelevän tuossa yläpuolella, puolusteli kalamies.

Tohtori Syyni oli innokas hauen kalastaja. Kerran hän sanoi vastaanotolla potilaalle:

- Minulla on teille sekä hyviä että huonoja uutisia. Huonot uutiset ensin. Teillä on kymmenen kiloa liikaa ylipainoa, refleksinne ovat hitaat, verenpainetta on liikaa ja umpilisäkkeenne pitää heti leikata.

- No mitä ne sitten ovat ne hyvät uutiset, kyseli potilas.

- Minä sain eilen uistelemalla elämäni ensimmäisen kymppikiloisen hauen.

- Mitä eroa on hauella ja juristilla?

- Toinen on limainen, ahnas ja viekas luomakunnan jäsen, toinen on kala.

Mikä on insinööriä viisaampi?

- Majava, sillä se osaa sukeltaa veteen, ettei kastu sateessa.

Mikä on vielä viisaampi kuin insinööri?

- Kala. Se osaa mennä sillan alle, ettei kastu sateessa.

- Meillä on äidinkielen lehtori, joka opettaa puhetaitoa ihan uusilla metodeilla.

- Kuten esimerkiksi?

Meidän pitää osata kuvailla, kuinka ison kalan olemme saaneet kesälomalla.

- Mitä vaikeaa siinä on?

- Hän vaatii, että kädet on pidettävä koko ajan taskussa.

Lakimies Pykäläinen palasi kotiin hauen uistelureissulta, mutta tyhjin käsin. Pitkänokkaiset olivat olleet nirsolla otilla eikä kalastaja ollut saanut ylös yhtäkään haukea, ei suurta eikä edes pientä. Vaimo vähän kyseli, että mikä mätti.

- Löysin kyllä haukia paljonkin, mutta ne peijakkaan luupäät erittäin törkeällä tavalla, täysin mistään piittaamattomin keinoin, samalla kun osoittivat hämmästyttävää häikäilemättömyyttä, suorastaan röyhkeästi kävivät törkkimässä vaappuja, mutta eivät tarttuneet koukkuihin.

Kerran oli taas iso haukiuistimen 3-haarakoukku kiinni etusormessa Suomenlahdella. Kerättiin vehkeet ylös ja ajettiin vene rantaan ja trailerille. Sitten Porvoon sairaalaan asiaa selvittämään, iso 3-haarakoukku sormessa sojottaen. Päivystysvuorossa oli naistentautien erikoislääkäri eli gynekologi. Vastaanoton vaaleatukkainen hoitajatar sanoi heti: "Nyt on pojat sellainen tilanne, että tässä kuluu aikaa ainakin kolme tuntia, ennen kuin koukku saadaan operoitua pois sormesta. Soittakaapa nyt kumpikin vaimoillenne ja sanokaa, että kotiintulo viivästyy ainakin tämän tuntimäärän gynekologin vastaanotolla käynnin takia. Lääkäri sitten aikoinaan kirjoittaa teille todistuksen myöhästymisen syystä, näyttäkää sitä yöllä kotona vaimoillenne."

Ekonomi Mannermaa oli tosi laiska mies. Kerran hän oli ongella kun hänen veljenpoikansa tuli laiturille. Mannermaan onget olivat laiturilautojen välissä itsekseen pyytämässä. Koho keikkui ja veljenpoika sanoi:
- Mannermaa hei, sinun ongessasi on kala.
- Viitsitkö nostaa ongen ylös, vastasi Mannermaa. Poika nosti ahvenen ylös ja otti sen koukusta ja antoi ongen Mannermaalle. Tämä sanoi:
- Voisitko pujottaa madon koukkuun ja heittää ongen pyytämään.

Poika teki työtä käskettyä ja heitti ongen veteen. Samassa alkoi syönti ekonomin toisessa ongessa. Ja taas sama juttu, Mannermaa pyysi poikaa nostamaan kalan ylös. Kun kala oli taas kiinni ongessa, veljenpoika sanoi:
- Kuule setä, sinä olet niin laiska mies, että sinulla pitäisi olla vaimo ja lapsia passaamassa sinua.
Ekonomi Mannermaa katsoi veljenpoikaansa ja sanoi:
- Tuopa voisi olla hyvä idea. Kysypä äidiltäsi, tunteeko hän ketään naista, joka olisi valmiiksi raskaana.

Muurari Astikainen oli kovettu kalamies. Oli taas koko pyhäpäivän istunut ongella, mutta kala ei ollut syönyt matoa ollenkaan. Silloin Astikainen otti taskukellon taskustaan, katsoi aikarautaa silmät sirrillään ja ilmoitti:
- Jossette nyt tule kymmenen minuutin kuluessa syömään, niin minä korjaan teidän syömisenne pois.

Ammattikalastaja Kerminen oli pitkällä kalamatkalla eteläisellä Itämerellä lohia ajoverkolla pyytämässä. Paluumatkalla poikettiin Hangon satamaan viemään kaloja Sandinin tukkukauppaan.
Lohien myynnin jälkeen Kerminen asteli paikalliseen ravintolaan ja tilasi kaikkea hyvää: silakkalaatikkoa, uuniomenoita sekä kahvia ja konjakkia. Tarjoilija täytti kalastaja Kermisen pyynnöt ja tilaukset ja oli aikeissa poistua. Kerminen kuitenkin pyysi tarjoilijaa istumaan pöytäänsä ja riitelemään kanssansa.
- Minkä ihmeen vuoksi, kysyi tarjoilijaneiti kummissaan.
- Katsokaas neiti, kun minulla on niin kova koti-ikävä, selitti kalastaja Kerminen. Tulee niin kotoisa olo ,kun aletaan riitelemään.

Arvoituksia kalastuksista

Mitä yhteistä on onkimisella ja nyrkkeilyllä?
- Molemmissa on tarkoitus saada koukku vastustajan leukaan.

Mistä on kysymys, kun melkein normaali mies saa melkein Suomesta melkein kalan?
- Ruotsalainen homo saa Ahvenanmaan vesiltä kirjolohen.

Mitä yhteistä on perhokalastajalla ja laulurastaalla?
- Molemmilla on siniset munat.

Mitä on urheilukalastus?
- Kalastusta ilman asianomaista kalastuslupaa yksiöisellä 1,5 cm paksulla syysjäällä vieraan naaraan keralla.

Mitä eroa on kesä- ja talvikalastuksella?
- Talvella ryypätään karvahattu päässä.

Mitä savolaismies sanoi, kun anoppi putosi veneestä?
- Nyt ei naarata.

Mitä sokea sanoi, kun kulki kalakaupan ohi?
- No?
- Hei vaan tytöt!

Mikä on kalamiesten kansalliseepos?
- Kalavale

Mikä on seksuaalisesti poikkeavien urheilukalastajien lempiharrastus?
- Pervokalastus.

Mikä on perhokalastajan salainen pahe?
- Siimanhaistelu.

Mikä on monofiili?
- Perverssi siimoihin sekaantuja.

Milloin urheilukalastaja puhuu totta?
- Silloin kun väittää tovereittensa valehtelevan.

Missä on eniten kalaa?
- Pään ja pyrstön välissä.

Millainen on maailman huonoin kalastaja?
- Hän saa narrattua vain imbesillejä.

Mikä herättää kuopiolaiset joka aamu?
- Kalakukko.

- Mikä on verkko?
- Se on joukko reikiä, jotka on sidottu langalla yhteen.

- Mitä se on, kun kaksi nälkäistä härnää toisiaan?
- Onkimista.

- Mitä tarkoitetaan ryöstökalastuksella?
- Se on sitä, että vie kalat naapurin katiskasta.

Minkä takia kalastajat laskevat verkkojaan?
- Tietysti jotta tietäisivät, montako niitä on.

Mistä tietää, että kala on käyttänyt huumeita?
- No kun se on koukussa.

Mikä on impotentin lempiruoka?
- Seisoppa.

Miksi Ville on niin suosittu kalastuskaveri?
- Hänellä on hyvä matikkapää.

Mikä kukko ei laula?
- Kalakukko.

Mikä on kalamiehen apuna siinä missä lintukoira metsästäjällä?
- Saksantaimenkoira.

Mistä kalasta saa lintupaistia?
- Ruokalasta.

Mikä on Suomen yleisin kalaruoka?
- Kuhan jotakin.

Miten kalat eroavat kaikista muista eläinlajeista?
- Ne ovat mätiä sekä ennen että jälkeen olemassaolonsa.

Mikä kala kasvaa nopeiten?
- Se joka pääsi irti uistimesta.

Blondi kalalla

Johan ja blondi olivat kalastamassa. Saaliikseen he saivat vain yhden ahvenen. Johan totesi harmistuneena:
- Kun lasketaan yhteen kaikki kustannukset, on tämä ahven tullut maksamaan yli 150 euroa.
- Olipa onni, ettemme saaneet useampia! huoahti blondi.

Kaksi blondia oli kalastamassa. Toinen sai kalan, eikä tiennyt kuinka tappaa se. Hänen ystävänsä ehdotti, että hänen ehkä olisi paras hukuttaa se.

Blondi lähti pilkille, ja alkoi kairata reikää, mutta silloin kuului ääni: "Ei siihen saa kairata reikää!".
No Blondi muutti paikkaa muutaman metrin eteenpäin. Taas kun hän aikoi tehdä reiän, kuului sama ääni: "Minähän sanoin, että siihen ei saa tehdä reikää!!".
Blondi muutti taas paikkaa, mutta edelleen sama peli.
Silloin Blondi suuttui ja sanoi: "Mikä hiivatin Jumala sinä luulet olevasi, minä pilkin missä haluan!"
Silloin kuului taas ääni, joka sanoi: "En minä mikään Jumala ole, minä olen tämän jäähallin vahtimestari!"

Blondi ja Komulainen menivät ongelle. Tunnin kuluttua blondi sanoi:
- Kuulepas Komulainen, olisiko sinulla antaa minulle uusi ongenkoho.
- Miten niin uusi koho?
- No siksi, kun tämä minun nykyinen kohoni ei oikein pysy pinnalla.

Miksi kalat tuoksuvat kalalle?
- Koska blondit pitävät uimisesta.

- Haluaisin kalaliemikuutioita, sanoi blondi elintarvikekaupassa.
- Mutta saisinko pyöreitä, kun nuo neliskulmaiset ovat niin vaikeita niellä.

Mies oli mennyt blondin kanssa naimisiin ja blondi oli aivan surkea ruoanlaittaja. Eräänä päivänä hän kyseli mieheltään:
- Mitenkä minä valmistan paistettuja makkaroita?
- No aivan samalla tavalla kuin eilen paistettua kalaa.
Kuluu jonkin aikaa ja blondi kutsuu miehensä syömään samalla todeten:
- Eipä kyllä paljoa jäänyt makkarasta jäljelle, kun poistin sisukset.

Blondi innostui kalastamaan mutta palautti valmiin onkilaitteen takaisin kauppaan.
Miksi?
Kuulemma koho upposi aina välillä eikä pysynyt pinnalla...

Blondi oli mennyt naimisiin kovana kalamiehenä tunnetun liikemies Eskelisen kanssa. Kuukauden kuluttua blondi tuli asianajajan luokse ja valitti, että joudun nyt kyllä hakemaan avioeroa miehestäni.
- No mikä on syynä avioerohakemukseen?
- Mieheni on käynyt koko ajan itarammaksi ja julmemmaksi minua kohtaan. Aluksi kun hän kulki kalareissuilla saatoin vapaasti kaivella hänen taskujaan. Sitten hän alkoi jättää taskuihin pitkäsiiman pätkiä koukkuineen. Viimeinen niitti oli, kun hän oli jättänyt pikkutakin povitaskuun viritetyn iskukoukun.

Brysselin kala-aivoituksia

EU:n kalaherrojen aivoitukset eivät ole aina saaneet vastakaikua suomalaisilta kalastajilta. Viimeistään siinä vaiheessa meni luottamus Brysselin kalaherroihin, kun alkoi kuulua puhetta, että Suomen pitäisi perustaa kaksi kokopäivätoimista pyöriäisen tarkkailijaa. Uskottiin kuitenkin, että ei kait näin hullu suunnitelma voisi toteutua.
Brysselin apparaatti kuitenkaan jauhaa rattaissaan hullutkin asiat ja niin vain kävi, että kaikkien eu-maiden tuli perustaa pyöriäisen valvojien virat, Suomenkin peräti kaksi kappaletta. Siellä ne sitten istuivat suomalaisten kalastustroolarien katolla tarkkailemassa pyöriäisiä.
Eivät havainneet yhtään, edes avovesikaudella, puhumattakaan talvella jäiden aikana.

- Onko se direktiivineuvoja siellä Rysselissä? Se on Määttä Kuusamosta, kun soittaa. Minä sitä vaan, että saapiko Kitkan muikkuja suolata merisuolaan?
- ?? Klik.
- Kato ruoja, kun katkesi puhelu. Mistä minä nyt tiedon otan ja muikut pillautuu.

Olin eilen pilkillä ja sain kahdeksankiloisen hauen. Pituutta kalalla oli yli kaksi metriä, silmätkin puurolautasen kokoiset. Pitääkö tästä "kalansaaliista" tehdä ilmoitus sinne rysseliin?

Ne ovat Brysselissä lukeneet meidän suomalaisten kaikki kalavaleet ja tulleet viisaudessaan siihen tulokseen, että meillä olevat miljoona järveä ovat kohta kalattomia. Sen kun tietyn katiskamerkin keväällä laskee ahvenen kudulle ja repäisee ylös järvestä, niin paukkuu 15 kiloa hetkessä. Olisihan se pienikin kiusa, kun alkaisi lähettelemään Brysseliin eu-herroille kaikki sinttisaalistiedot. Sen kun jokainen Suomessa kalan järvestä saanut tekee niin työllistäähän se jonkun mepin toisessa päässä!

Brysselissä 1.4.2010 julkaistussa tiedotteessa ilmoitettiin uudesta Unionin sisävesillä aloitettavasta kalastuksenvalvontakampanjasta, joka kokeiluluonteisesti aloitetaan Suomessa Pohjois-Karjalassa Höytiäisellä. Uusi kokeiluluontoinen tehovalvonta kohdentuu 2v. ja 3v. lohen ja taimenen istutuspoikasiin. Näihin kaloihin asennetaan väripatruuna, joka laukeaa kalaa suolistettaessa. Patruuna sulaa automaattisesti istukkaan saavutettua laillisen pyyntikoon, eikä näin ollen haittaa jatkossa. Patruunan sisältämä väriaine on karamelliväriä eikä aiheuta vahingossa nieltynä oireita esim. lokeille tai karhuille. Koe on kaksivuotinen ja vuonna 2012 karamellivärin tilalle laitetaan keskushermoston lamaannuttavaa ainetta, jolloin alamittaisten järvilohien ja taimenten syöjät saadaan poimittua terveyskeskukselta suoraan poliisin kuulusteluihin.
Uistelijoiden suositus mitat 2010 Taimen 55 cm ja järvilohi 60 cm. Toki nuokin saa laskea takaisin. Huomaa tiedotteen julkaisemisen ajankohta!

Haukijuttuja

Isähauki oli poikansa kanssa uimassa ruovikon reunassa, kun ohitse vilahti iloisesti viipottaen Ambulanssi-Rapala. Poikahauki kysyi isältään, että mikä tuo oli?
- Se on gigolo. Äiti lähti viime viikolla sen perään eikä ole vieläkään palannut.

- Mitenkä ovat hauen uistelut sujuneet tänä vuonna, kyseli kalastaja Kutramoinen naapuriltaan.
- Eipä ole juuri kehumista. Haukia on tullut vähemmän kuin viime vuonna, mutta selvästi enemmän kuin ensi vuonna, vastasi Horttanainen, sutki savolainen.

Mies kertoi kaverilleen saaneensa valtavan hauen uistimella.
- No kuinka suuri se hauki oli?
- Oli se niin suuri, että linja-autossa siitä piti maksaa lastenlippu.

Minä sain viime kesänä ainakin niin ison hauen, että faija väsyttää sitä vieläkin...
Hauskaa vaappua sitten, toivotti hauki toiselle huhtikuun viimeisenä päivänä.

Kerran sain virpelillä ja formuskalla uistelemalla Näsijärvestä saaliiksi sellaisen hauen, että Neste-Oilin 100 000- tonninen tankkeri tarvitsi tilata avuksi sen rantaan rahtaamisessa. Saatiin samalla vielä hyvät paisto-öljyt kalan pintaan.

Kerran sain katiskasta kaksi kiloa painavan hauen. Kun suomustin sen, sen mahassa oli yllättäen kolme kiloa muikkuja.

Olinpa kerran kalassa ja sain niin ison hauen, ettei se vaakaan mahtunut. Otin kuitenkin kalasta valokuvan, joka painoi kaksi kiloa.

Viime kesänä sain niin ison hauen, että kaksi päivää sitä syötiin ja sittenkin se karkasi.

Eräässä kylässä asui kalakaveri, joka kehui aina saaliillaan. Oli saanut enempi kuin muut ja aina isompia. Kerran sen naapuri sai oikeasti tosi ison hauen. Silloin se muisti sen kehujakaverin ja työnsi puoliksi juodun kossupullon sen saamansa ison hauen vatsaan ja vei sitten sen kalan sen kehujan katiskaan! Kun kehuja saapui kokemaan katiskaansa, siellä oli hiton iso hauki. Kun se sitten perkasi sitä kalaa, löysi se sitten sen puolikkaan koskenkorvaputelin hauen mahasta. Kun kaveri taas kylillä kehui saaneensa hirmu hauen, jolla oli puolikas kossua vatsassa, niin kaikki sanoi joopase joo, kerro lisää, eikä kukaan uskonut! Mää sain viime kesänä ison hauen. Se oli niin suuri, että ei sopinut paattiin. Sitaisin sen ankkuriketjulla ja munalukolla kiinni ja vein ankkurin saareen. Tuumasin jotta haenpa sen kalan myöhemmin pois. Seuraavana päivänä kun menin katsomaan, niin juutas oli vetänyt puoli kilometriä saarta mukanaan.

Haukiperhe uiskenteli järvellä, kun isähauki yhtäkkiä katosi.
- Äiti, mihin isä oikein meni? kysyi pikkuhauki.
- Ole nyt hiljaa ja ui vain eteenpäin! Isä jäi taas sen Rapala-huoran kanssa suustaan kiinni.

Eki oli kalastelemassa haukia. Lähellä ollut toinen onkija näki, kun Ekin onki tarttui kiinni ahvenruohoon, ja hän huusi

piruuttaan Ekille:
- Saitko isonkin kalan?
- En, mutta se lähetti kukkia tervehdykseksi.

Savukoskelainen mies tuli kunnanlääkärin vastaanotolle. Lääkäri katsoo miestä hämmästyneenä, sillä miehen päälakeen on kasvanut kiinni iso hauki. Hauki irvistelee ilkeästi tutkimuslampun loisteessa ja heiluttelee vihaisesti pyrstöään. Lääkäri kysyy hämmästyneenä:
- Mistä tämä on saanut alkunsa?
- Aluksi minulla oli peräpukamat, mutta ne vain pahenivat koko ajan. Nyt on tilanne tällainen, vastasi hauki.

Johtaja Markkanen oli oikea hienostelija, hyvin tarkkaa syömisistäänkin. Kerran hän selitteli kalaravintolassa tilaustaan.
- Haluan hauen rapeaksi paistettuna, mutta ei liian ruskeana, sen tulee olla hyvin maustettu, mutta ei liian suolainen, siinä ei saa olla liian paljon rasvaa, mutta sen pitää olla silti mehevä.
Hovimestari nyökkää ja kysyy kohteliaasti:
- Onko herralla toivomuksia hauen veriryhmän ja silmien värin suhteen?

Mies katselee ylpeänä juuri pyydystämäänsä haukea.
- Kohta saamme loistopäivällisen!
Hauki vastaa:
- Kovin ystävällistä, mutta olen juuri syönyt. Eikö voitaisi mennä vaikka elokuviin?

Hullujenhuoneelta

Sanomalehden toimittaja oli tekemässä juttua hullujenhuoneella ja kysyi mielisairaalan potilaalta:
- Sanopas sinä, paljonko sitä tuossa Tornionjoessa virtaa vettä alas?
- No sanopas sinä sitten, paljonko sitä on vielä virtaamatta, kysyi potilas takaisin hetken mietittyään.

Hullujenhuoneella oli päätetty, että kolme hullua otettaisiin testiin, jotta voitaisiin katsoa, onko mahdollista päästää heitä pois sairaalasta. Ensimmäinen meni sisään tutkittavaksi.
- Voiko wc-pöntössä kalastaa, häneltä kysyttiin.
- Tottakai! hän vastasi. Sama juttu kävi toisella, mutta kolmas sanoi, että ei voi kalastaa, niinpä hän pääsi pois sairaalasta. Muut kysyivät häneltä: - Miten sinä voit vastata noin?
- No miksi minä sille tohtorille kertoisin parhaan kalapaikkani? kolmas sanoi.

Kaksi hullua käveli Niuvanniemen puistossa illalla.
- Kuuntele, kuinka satakieli laulaa kauniisti.
- Ei se mikään satakieli ole, se on sardiini.
- Älä nyt hullu ole. Satakieli se on, sardiinit laulavat vain päivisin.

Hullut istuivat hetekan reunalla ja olivat onkivinaan. Yksi ei kuitenkaan osallistunut ongintaan ja hänelle osastonlääkäri päätti antaa viikon loman.
- Sepä hauskaa, mutta hetkinen vain, minä nostan vain ensin katiskan pois vedestä, vastasi hullu.

Herra osastonlääkäri. Minä suorastaan rakastan sardiineja, minun on pakko syödä ihan jatkuvasti.
- No nehän ovat varsin terveellisiä, ei se haittaa.
- Niin ovatkin terveellisiä, herra tohtori, mutta saan aina peltipurkeista vatsahaavoja.

Montako hullua tarvitaan talviverkkokalastukseen?
- Kuusi. Kaksi hakkaa isoa avantoa jäähän ja kaksi työntää venettä avannosta järveen. Loput kaksi laskee verkot.

Mielisairaalan potilas istuu ongella jokirannassa. Toinen saman sairaalan potilas tulee paikalle ja ryhtyy utelemaan:
- Mitä sinä teet?
- Minä ongin.
- Mitä sinä ongit?
- Kaloja tietenkin, vastasi onkija.
- Oletko saanut mitään?
- En niin mitään.
- Mistä sitten tiedät, että ongit kaloja?

Kolme Niuvanniemen mielisairaalasta karannutta hullua oli viljelysaukiolla. Yksi hulluista oli kiivennyt keskellä peltoa olevalle isolle kivelle ja alkoi onkia. Kaksi muuta seisoi tilustiellä ja huusivat:
- Tule pois sieltä kiveltä, eihän sieltä saa kaloja.
Kivellä onkiva ei reagoinut huutoon millään tavalla vaan jatkoi onkimista kaikessa rauhassa. Toinen tiellä seisovista sanoi:
- Käydään hakemassa se sieltä kiveltä pois.
- Oletko sinä ihan seinähullu. Eihän me voida sitä hakea.
- Miten niin ei voida?
- No, eihän meillä ole edes venettä, että päästäisiin sinne kivelle.

Miksi hullut ottavat kiven mukaansa, kun menevät uimaan?
- Jos tappajahauki tulee, he heittävät kiven pois ja pääsevät uimaan nopeammin rantaan.

Hullut lähtivät kalalle veneellä. Pääsivät kalapaikalle keskellä järveä olevan karikon kupeelle.
- Heitetäänkö ankkuri tähän?
- Mitä, etkö sinä sitten enää tarvitse sitä.

Maija soitti huolestuneena psykiatrille:
- Tohtori, mitä miehelleni pitäisi tehdä. Hän onkii kaiket päivät kylpyammeesta.
- Tuokaa hänet tänne, psykiatri sanoi. Minä yritän parantaa hänet.
- Mutta sitten meidän pitäisi mennä ostamaan torilta kalliita kaloja, Maija sanoi. Kunhan vain saisitte hänet lopettamaan sen ainaisen pyrstön heiluttamisen vuoteessa.

Kaksi Niuvanniemen sairaalan potilasta lähti kalaan ja saivat todella isoja kaloja.
Ensimmäinen sanoi: - Kaipa sinä sitten muistat, että missä kohtaa järveä me oikein olimme.
- Kyllä, minä piirsin ison ruksin veneen kylkeen justiinsa sillä kohtaa, missä me kalastimme.
- Oletko hullu. Entäs, jos me emme menekään huomenna samalla veneellä?

Jokivarsien juttuja

Kuusamon Kitkajokivarressa tiedetään, että muista kahlaajista perhokalastajan erottaa siitä, että sillä on punaiset jalat ja siniset munat.

Kerran otti Kuusingilla Raatehampaassa iso taimen kiinni ja niin iso oli kala, että vapa katkesi. Eikä ollut varavapaa tietenkään matkassa. Onneksi oli puukko vyöllä ja hyvä pusikko siinä justiinsa kohdalla, niin nappasin pajukosta uuden vavan ja vaihdoin siiman siihen. Ja eikun taas taimenta väsyttämään. Seuraavan päivän iltana nostin kolmen kilon taimenen rannalle.

Oli sitä ennen vanhaan kalaa Kuusamon joissa, erityisesti Kuusingissa. Myllykoskesta ja Kiukaankorvasta vintattiin ylös harria ja taimenta, isoja. Perho-ongella ongittiin. Isot vitakset tehtiin valmiiksi kaloja varten ennen kalastuksen alkua. Toinen heitti onkea koskeen ja veteli kaloja ylös. Toinen otti maihin, irrotti kalan ja puhdisti perhon, heitti pyytöä veteen ja laittoi kalat vitakseen. Sama uusiksi ja kalaa tuli, eikun nosteli vain. Kotona vähän moittivat ja sanoivat, että olisi se vähempikin kalan siivo piisannut.

Kuusingilla kerran oli taas Kiukaankorvassa iso taimen kiinni ja kalaa väsytettäessä katkesi siima. Eipä siinä sen kummempaa, kuin äkkiä kylmän rauhallisesti solmin vain siiman katkenneet päät yhteen kirurginsolmulla ja taas kalaa väsyttämään. Oli siinä sen verran säpinää kuitenkin, että vaikka kuinka oli sääskiä, niin ei kerinnyt ohvia laittamaan.

Sodan jälkeen 1940-luvun lopulla nousi pohjoisen jokiin suunnattomasti lohia, kun niitä sota-aikana ei ollut pyydetty

juuri lainkaan eteläisellä Itämerellä. Aslakki oli uistelemassa Muonionjoella ja taas otti lusikkaan ja isosti.
Aikansa väsyteltyään pintaan nousi saksalaissotilaan ruumis täydessä asepuvussa. Oli tarttunut uistin kypärän leukaremmiin kiinni. Aslakki päästeli äkkiä uistimen irti ja tokaisi:
- Pysy siellä väylässä eläkä ennää tule tänne kurkistelemaan.

Nimismiehellä tuli asiaa Tornionjoki varressa asuvan miehen luokse. Pihalla hän tapasi kuusivuotiaan Pekka-pojan, jolta ohimennen kysäisi:
- Onko se isäsi saanut tuosta väylästä kaloja?
- Saapiko sitä nyt kalastaa lohta? kysyi poika takaisin.
- Onhan se vielä luvallista, vasta kahden viikon kuluttua alkaa rauhoituskausi.
- No on se pari lohta saanut, tuumasi Pekka.
Nimismies totesi naureskellen isännälle, että hyvin olet poikasi kouluttanut.

Kerran menin Kokemäenjoelle lohestamaan ollen ystävällinen ja nöyrä...
Ei auttanut! Turpaa tuli!!

Etelän kaverukset lähtivät Lappiin Könkämäenolle perhokalastusreissulle. Asettuivat perillä jokivarteen mielestään hyvään harripaikkaan, siihen ihan 4-tien varteen. Perhovavat vain viuhuivat tuntitolkulla, mutta mitään saalista ei tullut.
Huomasivat kuitenkin paikallisen lappalaisäijän olevan samoissa puuhissa ja vetävän solkenaan kalaa joesta.
Kaverukset kävivät vakoilemassa millaisella perholla äijä niitä kaloja oikein saa. Saivat tilaisuuden katsoa oikein kunnolla.

Siitä sitten vaivihkaa lähtivät, kaivoivat takakontista perhonsidontavehkeet esille ja tekivät omasta mielestään samanlaiset perhot. Ei kelvannut sekään harreille. Lappalaisäijä vain näytti edelleen saavan saalista.
Menivät sitten kysymään äijältä, että mikä heidän perhossa oikein oli vikana. Äijä kertoi, että perhon runkoon pitää käyttää erikoismateriaalia, nimittäin aitoa naisen karvaa. No kaverukset lähtivät samana iltana Hotelli Ratkinin naistentansseihin ja kovan yrityksen jälkeen materiaali olikin hankittu.
Aamulla sitten tehtiin uudet perhot ja ne näyttivät juuri oikeanlaisilta. Mutta kalaa niillä ei tullut. Lappalaisäijä asettui taas jokivarteen ja alkoi mättää kaloja rannalle. Kaverukset kävivät tuskastuneena kysymässä, että mikäs näissä perhoissa enää voi olla vikana.
Lappalaisäijä otti perhon käteensä, katseli sitä, raapi päätään ja kertoi sen näyttävän ihan oikeanlaiselta. Mietiskeli vielä aikansa, nosti lopulta perhon nenänsä alle ja nuuhkaisi syvään. Sanoi sitten lopulta: "Pojat, tämä on liian takhaa."

Perhokalastajan tulee olla perillä saaliskalan ravinnon käytöstä, jotta osaa valita kulloinkin oikean näköisen, kokoisen ja värisen perhon. Varsinkin taimenen ja harjuksen kalastuksessa on hyötyä hyönteistuntemuksesta. Saaliskalan maha kannattaa aina avata ja tutkia sen sisältö. Ohessa on lyhyt pikakurssi perhokalastajan hyönteismaailmaan.
Tällä kalojen ravintokohteiden jaottelulla tulee jo kohtuullisesti toimeen ja pystyy valitsemaan oikean perhon tai ainakin sinne päin:
Höpökömpiäinen, käkkäjäärä, loppatasku, matsuri,
mähnäkääkiäinen, mötiäinen, namiskukkeli,
notmi, ärmäkäinen, önkiäinen, öttiäinen, ötökkä.

Edellä mainitun kalan ravintoanalyysin mukaan voikin sitten ryhtyä valitsemaan oikeaa ottiperhoa. Erilaisten perhojen karkeampi jaottelu menee näin:
Isot perhot ja pienet perhot. Pienet perhot jaotellaan harriperhoihin sekä uppo- ja pintaperhoihin. Harriperhojen erityisluokka ovat mustat pienet. Isot perhot ovat taimen- ja lohiperhoja. Yleisnimitys lohiperholle on karvasutti. Puoliuntuvaperho on tunnettu taimenperho.

Järjestöjuttuja

Virkistyskalastaja tuli kotiinsa kalaseuran kokouksesta aika maistissa ja näki pihalla variksenpelättimen kädet levällään. Tuijotteli aikansa pelätintä ja sammalsi sitten:
- Älä valehtele.

Elukoiden vapautusrintama EVR on tehnyt säälimättömän iskun Turun Ruissalossa. Yksi
mies oli ongella ollut ja eikä kääntänyt selkäänsä kuin viideksi minuutiksi niin jo oli
matopurkki kaadettu ja madot päästetty luontoon missä ne eivät tietysti yksinänsä
pärjää.

Luonnonsuojelujärjestö on tympiintynyt pilkkimiehiin. Pahin ongelma on, kun jäät lähtevät ja pilkkijät perhana ovat jättäneet ne reiät sinne jäälle. Saa veneillessä ihan tosissaan väistellä niitä, ei kerkeä kyllä maisemaa katsella.

Kalastaminen ei ole oikein enää jaksanut kiinnostaa nuoria miehiä. Suositummaksi on käynyt maksan kylvettäminen muovijakkaralla istuen jalkakäytävän reunassa. Kalamiesten järjestö oli asiasta varsin huolissaan, mutta pakon edessä se viime suvena viilasi iskulauseen ”Nyt nappaa” muotoon ”Nappaa nyt”.

SUKL on hoitanut hyvin verkkokalastuksen vastaisen kasvatuksen. Pieni tutinimijäkin osaa heti ensimmäisiksi sanoikseen usein lauseen - *itun verkkohomo, niin. – Kalastus.comista poimittua.

Koskenrannan Eemeli sattui paikalle, kun joukko kaupungin lohikerhon herroja nautiskeli harrasteestaan. Eemeli päivitteli näkemäänsä:
– Jo on herroilla tokkeet ja pelit. Siima on kuin pyykkinaruva ja rulla iha viärässä paekassa. Sitte vatkataan eistaas että heitänkö, en heitä, heitänkö...

Asseri nuokkui pilkkikilpailujen jatkoilla ravintola Ohranjyvässä, otsakin kopsahti pöytään tuon tuosta. Tarjoilija tuli ja sanoi, että ei täällä saa pilkkiä. Asseri havahtui, kaivoi rintataskustaan Turun- ja Porin läänin pilkkikortin, heilutteli sitä ja totesi kylmän rauhallisesti:
-Kyllä varmasti saa tällä kortilla pilkkiä.

Jupahtava pilkkimistä aloitteleva virkistyskalastaja Turusta oli ostanut uuden moottorikairan. Hän ei kuitenkaan ollut tyytyväinen sen ominaisuuksiin ja vei sen takaisin kauppaan.
- Ei tällä saa kairattua, hyvä kun yhden pilkkireiän päivässä, mies valitti.
- Vai niin, totesi myyjä ja vetäisi käynnistysnarusta jääkairan käyntiin.
- Mikä ääni tuo on, ihmetteli turkulainen.

Virkistyskalastusjärjestön lehdessä Kalamiehessä oli seuraavanlainen ilmoitus:
”Huomio. Sitä tunnettua henkilöä, joka varasti onkivehkeeni viime lauantai-iltana, pyydetään hakemaan samasta paikasta myös matoastia, joka unohtui paikalle. Samassa tilaisuudessa luovuttaisin lisäksi pari haulikon piipullista lyijyä, mikä takalistosta poistettuna käy hyvin ongen painotukseen.”

Onnettomat Onkijat pitivät pilkkikilpailuja Mätäslahdella. Mukana oli runsaasti nestemäistä lämmikettä kuten tavallista. Näkkäräisiä otettiin tiuhaan tahtiin. Jotkut taisivat ottaa vähän liikaakin, sillä illalla kotiin mennessä päätä särki ankarasti. Vaimon kysyessä tuliko haukee, vastasi kärsivä kalamies:
- Ei tullut haukee, kuhan vain kalastelin, mutta särkee niin peevelisti.

Lakimies Pykäläinen vonkasi viikonloppuvapaata vaimoltaan ja kertoi, että heidän kalakerholleen tulee ulkomaisia vieraita ja ne pitää viedä perhokalaan Kapeenkoskelle viikonlopuksi.
- No mistä kaukaa ja minkä nimisiä ne vieraat ovat, kyseli vaimo.
- Ihan tulevat Amerikasta ja Englannista asti ja ovat kuuluisia kaikki. Niitä on viisi, mutta nimeltä muistan vain kolme: Jack Daniels, Johnny Walker ja Jim Beam. Yhden sukunimi oli kuitenkin Jameson.

Kalastaja Kekäläinen Ville oli tullut virkistyskalastusseuran pikkujoulusta tosi laitamyötäisessä kontaten kotiin, eikä muistanut itse mitään herätessään seuraavana päivänä kotonaan. Herätessään hän ihmetteli, kun nukkui omassa sängyssä ja kaikki vaatteet olivat viikattuina nätisti kasaan ja keittiössä tuoksui vastapaistettu pulla ja kahvi.
Mies nousi ylös ja nähdessään pojan olohuoneessa kysyi tältä, että missä kunnossa hän oli tullut kotiin yöllä ja poika vastasi, että nelin kontin kontaten ja eteiseen oksentaen sekä olohuoneeseen sammuen, äiti tuli makuuhuoneesta kuin tuli ja tappura ja huusi kuin hinaaja, matot olivat oksennuksessa ja tuolit kaatuneet.

Johon mies, että no mitenkäs täällä on näin siistiä ja kaikki on paikallaan ja kunnossa ja pullaakin on leivottu.
Poika vastasi, että äiti yritti herätellä sinua pois keskeltä oksennuskasaa johon sinä örisit, että jätä minut rauhaan olen varattu mies ja minulla on vaimo kotona odottamassa. Niin, ja äiti meni ostamaan olutta jääkaappiin kun ajatteli, josko sinulle maistuisi kun heräät.

Lakimies Pykäläinen tuli kalaseuran kokoukseen molemmat kädet paketissa. No mitäpä kalakaverille on sattunut, onko hauki purrut käpälään, tiedusteli tirehtööri Koikkalainen.
- Olin viime viikolla työreissulla Kuopiossa ja menin Atlakseen viettämään iltaa, enkä mene sinne enää koskaan.
- Miksi. Minustahan se on mukava paikka?
- Siellä on niin huonosti käyttäytyviä ihmisiä. Ne kun polkevat tanssiessa sormille.

Kalastusseura Onnettomat Onkijat olivat syyskalastusreissulla Särkisalossa ja aamulla alkoi porukkaa könytä aamukahville melko huonossa kunnossa. Puheenjohtaja Näkäräinen katsoi laumaansa ja totesi, että nyt pitää laittaa ukot testiin, ei niitä voi päästää merelle veneen kanssa kalastamaan. Samassa hän muisti kuulemansa hyvän testin ja julisti:
- Nyt tehdään niin sanottu virtsakoe. Minä teen edellä ja te muut perässä. Joka ei läpäise koetta, niin veneeseen ei ole asiaa ja jääpi rannalta heittäjien porukkaan.
Puheenjohtaja käväisi nurkan takana ja tuli pian takaisin mukanaan kuppi, jossa sanoi olevan kusta. Kastoi sitten nesteeseen sormensa ja laittoi toisen sormen suuhunsa.

Pykäläinen oli ensimmäisenä testausvuorossa ja teki tunnollisesti perässä, kastoi sormensa kusikuppiin ja pisti saman sormen suuhunsa.
Puheenjohtaja kuulutti:
- Pykäläinen on sitten ensimmäinen rannalta onkija. Seuraava ukko testiin.

Virkistyskalastaja kyseli kalapaikkoja inarilaisen mökkikylän omistajalta. Sai seuraavan oraakkelimaisen vastauksen:
- Pienellä järvellä on kaloja tiheämmässä kuin suuressa vedessä, missä ne voivat uida laajallakin alueella

Kalatalouden keskusliiton jouluglögeillä 15.12.2012 kuultua: Kalastuslain uudistamista on tehty 70 hengen orkesterilla kolme vuotta. Vielä ei olla aivan täysin varmoja siitä, mistä ollaan erimielisiä.

Jäämeren juttuja ja muita norjalaisia

Nätti-Jussi oli kerran Norjassa kalalla käydessään mennyt Jäämeren rannalle. Katsellut sitä aikansa, ja sanonut.
- Olisi siinä ryypättävää.

Suomalainen käveli Vesisaaren kadulla, joka on nykyisin varsin kansainvälinen kaupunki, asukkaita on monesta maasta ja ihonväriltään monenlaisia. Tuli siinä vastaan yksi norjalainenkin, jolla oli pään päällä n. 7 kilon turska. Ja kun katsoi tarkemmin, huomasi, että turska oli kasvanut miehen päälakeen kiinni.
- Miten ihmeessä tuommoinen on voinut tapahtua, ihmetteli suomalainen.
- Akkurrat, enpä vaan tiedä. Se alkoi peräpukamista pari vuotta sitten, valitti turska.

Mistä tuntee norjalaisen herrasmieskalastajan?
- Hän ei kerro kalajuttuja rakastellessaan.

- Tarjoilija, onko tämä kala kenties Jäämeren lohta?
- Kyllä on.
- Sitä minä arvelinkin, kun se on niin helskutin kylmää.

Kun Norjaa jääkauden jälkeen asutettiin ja norjalaiset olivat saapumassa, niin miten he ylittivät Oslovuonon?
- Ensimmäinen ui ja muut 10 000 kävelivät pitkin kuolleita turskia.

Norjalainen Björn Olsen oli lomamatkalla perheineen Pohjois-Norjassa. He kiipesivät kaikki erään tunturin takana olevalle järvelle ja ryhtyivät perhokalastamaan rautuja. Kahvitulilla vaimo kysyi:
- Muistatko Björn, kun olimme täällä samalla paikalla ensi kerran silloin nuorena?
- Olinko minä silloin mukana, kysyy perheen esikoinen?
- Et ollut takaisintulomatkalla, vastasi isä Olsen.

Elintason huippua, totesi norjalainen juppi, kun veteli vaimoaan Jäämeren kassilohella pitkin korvia.

Tromssalainen kalastaja Harald oli lähdössä merelle turskaverkkoja laskemaan ja neuvoi poikaansa:
- Jos tulee tullimies käymään, niin piilota viskipullo kellariin. Jos tulee poliisi pistäytymään, niin kätke hylkeennahat liiteriin puupinon taakse, Ja jos taas naapurin isäntä Olof tulee kyläilemään, niin istu koko ajan äidin sylissä ja pidä kaulasta kiinni, kunnes minä olen palannut verkoilta.

Norjalaisen impotentin mieliruoka on seisoppa. Tehosi tai ei, niin mikä on varmaa seuraavana päivänä?
- Seisonta.

Mainitse kuusi kalalajia, jotka elävät Jäämeressä?
- Neljä turskaa ja kaksi seitä.

Miksi norjalaiset käyvät pumppaamassa autonsa renkaisiin ilmaa kalatehtaan läheisyydessä?
- No siksi, että kumi ei vuoda, kun ilma on sakeampaa.

Norjalainen kalastaja Iversen lähti merelle hukuttaakseen kaikki murheensa.
Kahden viikon kuluttua anoppi ajautui rantaan.

Tapahtuipa kerran oslolaisessa hampurilaisravintolassa:
- Ottaisin yhden hampurilaisen.
- Saako olla silli-, turska- vai kampelahampurilainen.

Mikseivät ihmissyöjät tykkää norjalaisista?
- Ne pitäisi ensin suomustaa.

Suomalaisperhe oli kiertomatkalla Pohjois-Norjassa, olivat menneet rajan yli Näätämössä ja tarkoituksena oli ajella asuntoautolla Jäämeren rantaa pitkin länteen päin aina Narvikiin saakka ja palata sieltä Ruotsin Abiskon kautta Suomeen. Alkoipa siinä koko perheellä taas olla nälkä ja kun oltiin Jäämerellä Altan kaupungissa, niin kalaruokaa alkoi haluttaa. Tien varressa olikin juuri sopivasti iso jälli eli kalankuivatusteline. Sen juurella puuhaili itse kalastaja. Suomalainen perheenisä nousi autosta ja huusi kalastajalle:
- Hei siellä, kalastaja. Myisitkö minulle tuon suurimman turskan tuolta jälliltä.
Kalastaja vilkaisi turistia. – En minä sitä voi myydä, mutta nämä kaikki muut kalat ovat kyllä kaupan.
- Miksi minä en voi ostaa tuota suurinta? tivasi suomalainen.
- No kun se on naapurin Oskarssen, joka hirttäytyi telineelle viime yönä, eikä hänen eukkonsa kyllä tykkäisi, jos minä hänet myisin.

Kalakaupassa

Kaksi savolaisukkoa keskustelee kalakaupassa:
- On se vain kumma, kun taas niin kauheasti rupesi haluttamaan kaviaaria.
- No ootko tuota ennen saanut maistella?
- En tokkiinsa, vaan on ennenkin tehnyt mieli.

Ostaja kalakauppias Siljanderin apulaiselle:
- Kerrankin sain teidän kalakaupastanne oikein hyvää ja tuoretta kuhaa.
- Herranen aika. Se oli varmasti kalakauppias Siljanderin itselleen varaama kuha.

Mies meni kalakauppaan. Kauppias tunsi viime viikkojen vakioasiakkaansa ja kysäisi:
- Taasko niitä vanhentuneita silakoita kissalle?
- Ei enää. Anoppi lähti aamulla takaisin kotiinsa.

Mies tuli 2,5 kg lohen kanssa kotia. Vaimo kysyi häneltä, mistä paikasta noin ison sait?
Mies vastasi, että ostin osuuskaupan kalatiskiltä, kun ei oikein syönyt.

Asiakas kauppatorilla.
- Mitä lohi maksaa?
- 90 euroa kilo.
- Mitäh, niin paljon.
- Niin mutta se on tuotu lentorahtina Norjasta.
- Eikö teillä ole yhtään lohta, joka olisi itse uinut sieltä tänne?

Torin kalamyyjä mainostaa kovalla äänellä:
- Tuoretta mulkkua (muikkua)!
- Paistettua terskaa (turskaa)
- Kalaa ja vakokastiketta

Mitä sanoi kalastustarvikekauppias tehdessään konkurssin?
- Haaveistani en luovu.

Turkulainen kalakauppias Tampereen torilla:
- Silakoi, silakoi, silakoi! Tulkaa ostamaan.
Pispalalainen tokaisi:
- On täällä suurempiakin kaloja nähty, mutta ei tommoista helevetin meteliä piretty.

- Ja täällä sitä vain maataan, sanoi kalakauppias, kun sillitynnyrin avasi.

Mies meni kalakauppaan ja pyysi sardiineja.
- Haluatteko italialaisia, espanjalaisia, marokkolaisia vai portugalilaisia?
- Se on yksi ja sama, en minä niiden kanssa aio juttelemaan ruveta.

Pieniä ovat muikut joulukaloiksi, sanoi tohtori Korhonen kalakauppias Muikulle.

Peräkylän pikkukauppaan tuli kulkumies ja kysyi leipää. Kaupasta oli sattumalta leipä ja voi loppunut ja kauppias vastasi, että ei heillä ole leipää eikä voita.

- No onpahan tämäkin kauppa, kun ei ole mitään suuhun pantavaa, päivitteli kulkumies.
Kaupan apulaistyttö sanoi, että on meillä jotakin suuhun pantavaa, mutta ei hän ilkeä sanoa.
- Kyllä se sanoa pitää, tiukkasi kulkumies, jolloin tyttö sanoi kainosti:
- On meillä ongenkoukkuja.

Turkulaine kalaostaja soitt taivassalolaisel kalastajal:
- Mäkine tääl Turust vaa soittele. Mää ole kuullu, et teil o siäl Taivassalos pal ryssii?
- Ei meil tääl mittä ryssi ol, mut meijä naapuris o ukrainalaissi marjoi noukkimas!
- No mut, mut – onks sul niit kuarei myyrä?
- Ei tämä mikkä paperikauppa ol! Mää lopeta ny, ko täytyy men tyhjentämä noit rysyi norreist.

Ammattikalastajan sijoitusvihje: Ostakaa merisuolaa ja paljon. Menen tänään kokemaan verkkoja.

Kalansaaliita

Kalajuttu on sellainen kokemus, joka sattuu kalastajalle silloin, kun todistajia ei ole paikalla.

Kalamiehen metri on tasan 40 senttiä.

Isokala on kala, joka painaa enemmän kuin sen pyytämiseen käytetty välineistö yhteensä. Hyvin harvinainen.

Kalamiehen suosituin pituusmitta on kuminauha.

Kalastajalla tulee olla tarpeeksi suuri suu ja riittävän pitkät kädet, jotta hän pystyy tarpeeksi hyvin kuvailemaan saaliskalan suuruutta. Käsien pituudella ei ole väliä, jos puhuu kalojen silmien välistä.

Eräänä syksynä riihiniemeläiset saivat Kitkajärvestä nuotalla niin paljon muikkuja, että kaivotkin suolattiin niitä muikkuja täyteen. Niin paljon sinä syksynä Riihiniemelle kaloja nostettiin, että niemi huomattavasti kallistui järvelle päin.

Minäkin sain Kitkajärvestä niin isoja ahvenia, että ne piti paistaa paistinpannulla pystyasennossa.

Mies tuli järveltä tavallista suuremman kalansaaliin kanssa.
- Onpa sinulla ollut ihmeellinen kalaonni, naapuri ihmettelee.
- Niin, ja omat pyydykset ovat vielä kokematta!

Kerran saatiin Kuusamojärvestä Ahosaaren rannasta yhdestä nuotta-apajasta kaksi venelastillista särkiä. Arveltiin, että niitä oli siinä 1200 kiloa.
Niin tulivat veneet lastiinsa kaloja, että kärpänen olisi pystynyt parraspuulla istuen juomaan järvestä vettä.

Lahnojen kokoluokittelu: padankansi, kattilankansi, lippalakki, rukkanen, taskupeili ja pillunpaikka.

Saaliskalojen kokoluokittelu ilman kalapuntaria:
alta kilon, vähän alta kilon, kiloinen, toistakiloinen
vajaa kaksikiloinen, kaksikiloinen, yli kaksikiloinen
vajaa kolmikiloinen, kolmikiloinen, yli kolmikiloinen
vajaa nelikiloinen, nelikiloinen, yli nelikiloinen
vajaa viisikiloinen, viisikiloinen, yli viisikiloinen
"
metrinen, toistametrinen
kymppikiloinen, toistakymmentäkiloinen
viisitoistakiloinen
lähes kaksikymmentäkiloinen, kaksikymppinen, yli kaksikymppinen
mahottoman iso
porsas

Serkkuni oli saanut lohen. Minä tietenkin utelemaan kalan kokoa.
- Ei tullut punnittua, mutta lähempänä se oli kymmentä kiloa kuin kahtakymmentä.
Myöhemmin selvisi, että kala oli puolitoistakiloinen kossi.
Vaan eipä serkkupoika liioitellut, saati valehdellut!

Tuliko saalista?
-Ei paljoa..kuhan vaan kalastelin.

Tiesitkö, että Tampereen Näsijärvestä saa näsineulamuikkuja.

Harjajärvessä oli ennen kalaa mahdottomasti. Eräs kaukaisempi vieras kysyi harjajärveläiseltä, että vieläkö siinä järvessä on kalaa.
- No, onhan niitä vielä, vaikkei ihan yhtä hyvin kuin ennen. Sen verran kuitenkin, etteivät yhdet airot kestä kuin pari viikkoa, ahvenen ketaleet kun hankaavat suunnilleen siinä ajassa airot poikki.

Tulipahan tässä mieleen yksi verkkosaalis yhdessä velipojan kanssa. Saimme yhdellä reissulla Kuusamojärven Säynäjäperästä niin paljon säynäjiä, että niitä tuli kahden miehen kannannainen kori. Niin iso oli se saalis, ettei hyvä hevonen tahtonut jaksaa kerralla vetää rannasta.

Kerran löysivät sallalaiset kalamiehet tosi apajan jostakin järveen laskevasta puropahasesta, johon muikkuja oli kerääntynyt oikein sulloutumalla. Kun muita pyydyksiä ei ollut käsillä, kahlasivat miehet kainaloita myöten veteen ja ammensivat muikkuja tavallisilla juuttisäkeillä rannalle, josta sitten saalis parilla hevosella kuljetettiin parempaan talteen.

Kerran nuottamiehet sai Alakitkalta niin ison saaliin, että niitä jaettiin nuotan nostopaikalla haluaville. Mutta veneellinen muikkua oli minimimäärä, mikä piti ottaa.

Kalapaikkoja

Suomesta löytyy 187 888 järveä, 1100 km meren rannikkoa, 648 jokea ja 25 000 jokikilometriä. Kalapaikkoja siis riittää joka lähtöön. Jotkut vesistöt ovat aika kummallisen nimisiä, jotkut jopa hieman kroisejakin. Ohessa muutama erityisempi:

* Ala-Mulkku (Vaala)
* Hevonperse (koski Iijoessa Pudasjärvi-Kuusamo suunnalla)
* Hevonvittu (lampi Kuusamossa)
* Iso-Melanen (Paltamo)
* Isomulkku (Oulujärvi)
* Jäniksenvittu (koski Iijoessa Taivalkoskella)
* Keskimulkku (Oulujärvi)
* Kivesjärvi (Paltamo)
* Kiveskoski (Kuusamo)
* Koirankyrpäoja (Salla)
* Mulkkujärvi (Pohjanmaa)
* Naimajärvi (Jyväskylän ja Mikkelin välissä)
* Pikkumulkku (Oulujärvi)
* Pillunsilmä (Airisto)
* Pillunsilmäkivi (Konnevesi)
* Pissiniemi (Tornionjoen rannassa)
* Ruustinnanpillu (Oulujärvi)
* Saaranpaskantamasaari (Salla)
* Siitinselkä (Varkaus)
* Terskanperä (Pulkkila)
* Tissinpohja (Savo)
* Ylä-Mulkku (Vaala)
* Vittulampi (useita Kuusamossa)

Turisti kyseli hämäläiseltä, että onko järvessä kaloja. Vastaus kuului:
- Kyä se on toi lätäkkö aikaa sitten putsattu.

Kesävieras istuu ongella Kallaveden rannalla. Savolaisukko kävelee ohi ja tokaisee:
- Tässä järvessä ne kalat viihtyvät.
- Niinkö. Enpä ole vielä saanut yhtäkään.
- Sitä juuri tarkoitan, vastasi savolaisukko.

Turisti oli vuokrannut kesämökin Kallavedeltä ja oli illalla lähdössä haukia virvelöimään. Kysyi venerannassa ongella olleelta savolaisukolta:
- Missä kohtaa Kallavedestä löytyisi hyvä haukipaikka.
- No kah, siinähän niitä lienee pinnan ja pohjan välissä.

Mahtaako täälläpäin Inarinjärveä olla hyviä pilkkipaikkoja, kyseli turisti mökkikylän omistajalta.
- Etupäässä ne kalat jään alla majailevat.

Olivat Kaaleppi ja Ville onkimassa lahnoja hyväksi tiedetyllä paikalla, joka sattui olemaan melkein erään ison talon ikkunan alla. Talon vanhaemäntä huomasi äijät ja huuteli ikkunasta, että pois sieltä ja heti, se on meijän vettä.
Kaaleppi kaivoi housustaan vehkeen esille ja lorotteli kaikessa rauhassa järveen ja tokaisi:
-On tässä nyt kyllä jonkun verran minunkin vettä ja jatkoi onkimista.

Kalaravintolassa

Muoniossa hotelli Ratkinissa oli menneinä vuosina ruokalistalla Nimismiehen kiusaus niminen kolmen ruokalajin ateria.
- Millainen se on?
- Alkuruoaksi jokihelmisimpukkakeittoa. Sitten paahtoleipää, jonka päällä on Tornionjoen lohen mätiä. Pääruoaksi on friteerattuja meritaimenen poikasia.

Horttanainen ja Ryynänen olivat Helsingin reissulla ja päättivät syödä herroiksi ja kapusivat Osuuskaupan Ylävintille illalliselle. Innokkaat kalamiehet ilahtuivat, kun ravintolan ruokalistalla tarjottiin nieriää. Siitä sitten juttua vääntämään ja kysymään tarjoilijalta, että mistähän tätä nieriää on ravintolaan tullut. Hyvään asiakaspalveluun totutettu tarjoilija kipitti oitis keittiöön tiedustelemaan asiaa.
Nopeasti hän palasikin Ryynäsen ja Horttanaisen pöytään ilmoittamaan, mistä nieriä oli ravintolaan uiskennellut. Terhakka vastaus kuului:
- Tukusta.

Asiakas valitti ravintolassa:
- Minun kalakeitossani ei ole yhtään kalaa!
- Oletteko useinkin nähnyt merimiespihvissä montakin merimiestä?

- Eipä ole oikein ruoka tänään otillaan, sanoi kalastaja Kerminen kokille, kun kolmatta lautasellista kalasoppaa söi.

Johtaja Markkanen oli oikea hienostelija, hyvin tarkkaa syömisistäänkin. Kerran hän selitteli kalaravintolassa tilaustaan.
- Haluan hauen rapeaksi paistettuna, mutta ei liian ruskeana, sen tulee olla hyvin maustettu, mutta ei liian suolainen, siinä ei saa olla liian paljon rasvaa, mutta sen pitää olla silti mehevä.
Hovimestari nyökkää ja kysyy kohteliaasti:
- Onko herralla toivomuksia hauen veriryhmän ja silmien värin suhteen?

Torvelainen meni psykiatrin vastaanotolle.
- Tohtori, minä rakastan savustettuja muikkuja tomaattikastikkeessa. Jokin minun sisimmässäni pakottaa syömään niitä jatkuvasti.
- No mutta muikuthan ovat erittäin terveellistä ruokaa.
- Niin, mutta purkkeineen?

Torvelainen ravintolassa. – Mitä se tuo kaviaari oikein on?
- Oikeastaan se on mustia kalan munia.
- No saanko niitä kaksi, pehmeäksi keitettynä.

Kalastaja Horttanaisella oli kiljuva nälkä ja hän käveli sataman kalaravintolaan syömään. Kohtelias tarjoilija ehdotti:
- Saanko suositella räjäytettyä haukea.
- Sopii hyvin, sanoi Horttanainen, minulle on aivan yhdentekevää, miten te sen hauen otatte hengiltä.

- Tiedätkö mitä eroa on kalapihvillä ja servetillä, kysyi Hemmo Kääriäinen ruotsalaiselta ystävältään.
- En tiedä.
- No hyvä. Minä syön sitten nämä haukipihvit ja sinä syöt servetit.

- Tarjoilija, haluan jotakin oikein suussa sulavaa, sanoi Ryynänen kalaravintolassa.
- Kävisikö pakastetut muikut?

Kalaravintolassa: - Mitä neiti haluaa tilata?
- Eturuoaksi kaviaaria, sitten pariloituja ravun pyrstöjä ja sitten savustettua mateen maksaa simpukkapedillä. Juomaksi Don Perignon shampanjaa, jälkiruoaksi kahvi ja Napoleon konjakkia V.S.O.P.
- Entäs mitä herra toivoo?
- Toivon, että olisin ongella mökillä enkä olisi koskaan kutsunut häntä tänne.

Rotusyrjinnän sanotaan lisääntyneen Suomessa valistuksesta huolimatta. Somali meni turkulaiseen kalaravintolaan ja tilasi paistettua lohta.
- Me emme tarjoile lohta somaleille.
- Hakekaa heti ravintolan omistaja tänne. Tämä on rotusyrjintää.
- Minä olen ravintolan omistaja Ibrahim Il Suleiman.
- No miksi et sitten tarjoile toiselle somalille kalaa?
- Veli, oletko koskaan maistanut tämän ravintolan lohta?

- Kuulkaapas tarjoilija, minä tilasin kampelaa, mutta tämä kala maistuu hauelta.
- Kokilta on kampelat lopussa, vastasi tarjoilija, joten kokki laittoi hauen mankelin lävitse.
Asiakas murmanskilaisessa ravintolassa armon vuonna 1993:
- Tarjoilija, minä tilasin kaksi turskaleikettä, mutta sain vain yhden.
- Suokaa anteeksi. Unohdin leikata sen kahtia, kun on niin kiirettä.

Asiakas tilasi helsinkiläisessä kalaravintolassa silakan perhosfileistä tehtyjä pihvejä.
- Mitä herra pitää silakkapihveistä, tiedusteli tarjoilija.
- Ainakin ne ovat riittävän kuumia.
- Puhaltakaa niihin, niin jäähtyvät.
- En uskalla, ne voivat lentää lattialle.

Asiakas odottaa ja odottaa kalaravintolassa lounastaan ja alkaa hermostua. Tarjoilija yrittää lepytellä:
- Olen pahoillani viivästyksestä. Saatte kalanne aivan tuota pikaa.
- Millaista syöttiä käytätte, kysyy asiakas myrkyllisesti.

Kalaruokareseptejä

Virkistyskalastajan hätävara. Otetaan litra vettä siitä vesistöstä, jossa on oltu kalalla. Kaadetaan se kahden litran kattilaan. Kaadetaan sekaan yksi kilo kalastusmatkalla mukana ollutta karkeaa merisuolaa. Sekoitetaan ja keitetään huolellisesti, kunnes vesi on haihtunut. Annostellaan umpisuolapuuro lautasille ja syödään runsaan voisilmän kera.

Kaaleppi istui päivän pilkillä ja tuli illalla kotiin mukanaan kaksi ahvenen sintturaista.
- Mitä näistä laitetaan, kyseli vaimo pilkan särö äänessään.
- Tee enemmistä kalakukko ja paista loput, vastasi Kaaleppi.

Eilen keittelin karanneesta kuhasta keiton, kun ohiammuttu jänis loppui.

Ohje ruotsalaisen kansalliskalaruoan valmistamiseen halukkaille kokeilijoille:
Otetaan tynnyri ja pannaan siihen erilaisia mausteita ja paljon silakoita. Silakoita ei perata. Lyödään tynnyrin kansi kiinni ja laitetaan se kesäkuussa muhimaan.
Joulukuussa Tuomaan päivänä heitetään tynnyri menemään ja syödään komposti.

Kännikalakukko. Koverra kalakukon kuoreen pieni aukko. Kaada reiästä pullo kossua kalakukon sisälle ja sulje reikä jollain kätevällä konstilla (esim. ilmastointiteipillä). Hölskyttele kukkoa tovi ja syö. Voe tokkiisa, ko tekkee hyvvee.

Kalakaupan Kuopion myyntipiirissä järjestettiin uuden tomaattisardiinin markkinointitutkimus. Koehenkilöitä oli 500. Kaikille lähetettiin kaksi purkkia uutta sardiinilaatua sekä kyselylomake.
Koehenkilöistä 20 ilmoitti pitävänsä sardiinia liian miedon makuisena. Vastaajista 480 ilmoitti, että tässä kalakukossa on liian sitkeä kuori.

Savolaisesta perinnelintukirjasta: Kalakukko (Callaveen Muicku). Ei oikeastaan ole lintu vaan rukiinen muna, jonka sisällä on läskiä ja kaloja. Lauluääni muistuttaa pierua ja hengitys pahanhajuinen. Pesii torilla.

Pinovirhepaholaisia peruskoulun ruokalistoilla:
- Ruohoripuliperunoita
- Paistettua tuskaa (turskaa)
- Paistettua mulkkua (muikkua)
- Kalaa ja vakokastiketta

Paras kalaruokaohje: suolaa sisään ja savustumaan.

Kalastajan vaimo

Nainen sai uistelemalla elämänsä kalan, 11-kiloisen järvilohen. Tämä otti avomiehen hermoon niin kovasti, että mies lähti nostelemaan ja jätti naisen.
Kalanainen lähetti perään tekstiviestin:
"Kyllä minä mielelläni vaihdan noin huonon miehen näin hienoon kalaan".

Rakkaani, sanoi urheilukalastajan vaimo hunajaisella äänellä, muistatko ne forellit, joita olit pohjoisessa kalastamassa kaksi viikkoa kesällä?
- Totta kai, mumisi aviomies lehtensä takaa.
- No jaa, yksi niistä soitti aamulla ja kertoi, että sinusta tulee isä.

Tapahtui sota-aikana Helsingissä, kun kaikki tavara oli kortilla. Nuori kaunis neiti ja komea herrasmies tapasivat kauppatorilla.
- Kaunis neiti, haluaisin kysyä teiltä erästä asiaa, mutta en tiedä oikein, miten aloittaisin.
- Hyvä herra, kävisikö se helpommin, jos jo ennakolta sanoisin kyllä, sanoi neiti, kosintaa ajatellen.
- Varmasti neiti! Voisitteko te luovuttaa minulle yhden silakanostokuponkinne.

Neitokainen kertoi parhaalle ystävättärelleen:
- Minusta se Hannu on kyllä petollinen. Viime viikonloppuna se kutsui minut mukaan kalareissulle. Menimme niiden kalakämpälle ja olimme siellä sitten koko viikonlopun kalassa. Kun tultiin pois, niin huomasin, että eihän sillä miehellä ollut lainkaan kalavehkeitä mukana sillä reissulla.

- Sinä tuot mieleeni meren, sanoi kaunis neiti seuralaiselleen.
- Siksikö, että olen villi ja romanttinen ja minulla on siniset silmät.
- Ei vaan siksi, että sinä haiset mädälle kalalle.

Kalastaja Kermisen vaimo kertoo ystävättärelleen Liisalle:
- Kokeilin kaikenlaisia kalliita hajuvesiä, mutta vasta sitten sen jälkeen, kun hän tunsi silakkalaatikkoni tuoksun, Kerminen kosi.

Hermanni oli kovettu kalamies ja piintynyt vanhapoika. Alkoi kuitenkin hormonit hyrrätä eräänä keväänä hänelläkin ja viimein hän uskaltautui kyselemään parhaalta kaveriltaan Jaskalta neuvoja.
- Mitähän noiden tyttöjen kanssa oikein pitäisi tehdä, jotta niihin saisi paremmin kontaktia?
Kaveri totesi:
- Kun näet sopivan ja viehättävän tytön, niin pyydä hänet katukahvilaan ja lupaa tarjota hänelle lasillinen hyvää valkoviiniä tai kuohuviiniä. Kun olette sitten juoneet sitä pullollisen, niin tyttö kyllä yleensä suostuu siihen mitä sinun tekee mieli.
Hermanni katsele hämmästyneenä ja kysyi sitten:
- Entäpä jos tyttö ei pidäkään kalastamisesta?

Kalastaja Horttanainen ihmetteli, että mistä johtuu, että nainen ei koskaan unohda hääpäiväänsä, mutta mies kyllä unohtaa?
- Sehän on aivan selvä juttu, sanoi kalakaveri. Muistathan sinäkin milloin sait elämäsi suurimman kalan, mutta kysypäs kalalta, milloin se tapahtui.

Asseri oli kovettu kalamies ja senpä takia jäänyt poikamieheksi, ei ollut oikein aikaa tytöille. Maatalousnäyttelyssä oli aviosiippapalvelu, tietokoneella haettiin puolisoehdokkaita. Asserikin päätti kokeilla onneaan ja täytti lomakkeen: - Haluan sellaisen naisen, joka kulkee mielellään kalalla ja pitää muutenkin kalasta.
Tietokone raksutti aikansa ja vastasi sitten: - Sinun pitäisi löytää jostakin pingviini.

Ammattikalastaja Kermisen rouva meni pussit silmien alla lääkärille ja valitti unettomuutta:
- Kun makaan oikealla kyljelläni ja yritän nukkua sydämeni alkaa reistailla. Jos koetan nukkua vasemmalla kyljellä, vihlaisee maksasta.
- No mutta sepäs on ikävää, sanoo lääkäri osanottavasti. Onko rouva Kerminen yrittänyt nukkua selällään?
- Olen kyllä, mutta silloin tulee kalastaja Kerminen.
- No sitten teidän ei auta muu kuin nukkua vatsallenne.
- Voi, voi! Tohtori ei tunne Kermistä.

Minä osaan tehdä kaksi ruokalajia kunnolla, kalakeiton ja lihakeiton, sirkutti kalastaja Horttanaisen uusi nuori vaimo miehelleen.
- Ja kumpaa tämä on nyt, kysyi Horttanainen ja lusikoi keittoa suuhunsa.

Kalastajan morsiamen kesäruno:
- Jos syö lohta tulee kohta
- Jos syö haukea ei millään laukea
- Jos syö siikaa seisoo liikaa
- Jos syö lahnaa tulee mätitahnaa

Ärsyyntynyt vaimo tiuskaisi miehelleen:
- Onko sinun pakko mennä kavereiden kanssa kalaan joka viikonloppu?
- Ei suinkaan. Teen sen aivan täysin vapaaehtoisesti, vakuutteli mies.

Kalakauppias Kutramoinen väitti vastavihitylle nuorelle rouvalle, että osterit kohentavat miehen potenssia. Rouva ostikin tusinan kalliita ostereita ja syötti ne vielä samana iltana miehelleen. Seuraavana päivänä hän tuli kalakauppaan valittamaan:
- Osa ostereista oli viallisia. Vain yhdeksän niistä vaikutti.

Pekka ja Matti istuivat ongella Tuusulanjärven Tervanokassa. Pekka ryhtyi puhumaan:
- Minä taidan ottaa eron Kaisasta. Hän ei ole sanonut minulle sanaakaan viiteen kuukauteen.
Matti mietti tovin ja tuumasi:
- Sinuna minä miettisin vielä. Sellaiset naiset ovat harvinaisuuksia.

Pitkäsiima on varmin ja koetelluin kalastusväline, jonka avulla saa avioeron vaimostaan. Pitkäsiiman selvittelyn aikana lapset on syytä viedä mummolaan tai ainakin naapurimökille.

Pariskunnalla oli meneillään mykkäkoulu, vaikka oli kaunis kesä ja loma parhaimmillaan kesämökillä. Isäntä päätti lähteä aamulla aikaisin kalalle ja laittoi vaimolleen lapun yöpöydälle:
- Lähden kalalle kuudelta, herätä minut puoli kuudelta.
Mies heräsi aamulla yhdeksältä. Pöydällä oli lappu:
- Kello on puoli kuusi, herää.

Tuttu kalamies huokaili katkerasti:
- Tuli oltua koko viikonloppu vesillä haukia jahtaamassa. Kalastusjarru murjottaa.
- Että mikä murjottaa?
- Kalastusjarru. Vaimo.
Miehellä oli asialle selitys.
- Kalastusjarru on sorrettujen kalamiesten termi vaimolle, jonka mielestä miehen tulisi viettää enemmän aikaa pölynimurin kuin heittovavan varressa. Nimitys ei ole kaukaa haettu, sillä useimmissa virvelikeloissa on kalastusjarru ja jotkut niistä pitävät varsinkin räikkä päällä aika pahaa ääntäkin.

Kaveriporukka suunnitteli tulevaa kalareissua, jolloin Hannu kertoi heille, ettei voisikaan lähteä, koska vaimo ei tällä kertaa päästäisikään häntä.
Seuraavalla viikolla kun kaverit saapuivat järvelle, he yllättyivät nähdessään Hannun laiturilla virveli kädessä juomassa kaljaa.
Kaverit kysyivät, että miten sait vaimosi puhuttua ympäri?
Hannu vastasi:
- Eilen illalla, kun tulin kotiin istahdin sohvalle ja otin kaljan unohtaakseni murheeni siitä etten pääsisi kalaan. Silloin vaimoni tuli takaani ja peitti molemmat silmäni sanoen "Yllätys".
Kun poistin hänen kätensä huomasin, että hän seisoi takanani läpinäkyvässä yöpaidassa sanoen:
Kanna minut makuuhuoneeseen ja sido minut sänkyyn, niin voit tehdä mitä ikinä haluat.

Ilmoitus paikallislehdessä: Etsin naista. Pitää osata siivota, kaivaa matoja, kalastaa ja perata kaloja. Pitää olla myös vene ja moottori. Lähetä kuva veneestä ja moottorista. Vastaukset tämän lehden konttoriin nimimerkillä ”Kaksin aina kaunihimpi”.

Kalastuksen valvonnasta

Kalastuksen ja metsästyksen ero:
Kun kalastajalta kysyy, millainen oli hänen suurin saaliinsa, hän levittää käsiään niin paljon kun ilkeää.
Kun riistanvalvoja kysyy häneltä samaa, hän levittää käsiään niin paljon kuin mitä käsiraudat antavat periksi.

Jos olet Saaristomerellä veneilemässä ja nousee niin kova sumu, että matkanteosta ei tule mitään, niin miten saat apua?
- Ota virveli käteesi ja kohota se heittoasentoon vaikka ihan ilman uistintakin, niin alta millisekunnin on veneesi vierellä ruotsinkielinen kalastuksenvalvoja kalastuslupaa kyselemässä. Konsti toimii myös Sipoossa ja Inkoossa erinomaisesti.

Syyspimeällä oli kaksi miestä tuulastamassa Lahden Vesijärvellä. Paikalle saapuneen kalastuksen valvojan kanssa syntyi tiukka sanaharkka. Tuulastajat uhkasivat uittaa kalastuksen valvojan, jos tämä ei poistuisi paikalta häiritsemästä kalastusta.
Valvoja totesi rauhallisesti, että sopii yrittää, teillä on kumivene ja minulla puuvene ja molemmilla atraimet.

Kilpisjärven poliisit kuulustelivat salakalastuksesta epäiltyjä Näkkäläjärveä ja Jomppasta:
- Osaatteko selittää, missä olitte marraskuun kolmannen ja helmikuun seitsemännen päivän välisenä yönä?

Mitä sanoi Näkkäläjärven Aslakki puolustuksekseen, kun oli oikeudessa vastaamassa syytteeseen oman vaimonsa murhaamisesta?
- En minä hukuttaa yrittänyt, kunhan vaan kultaa huuhdoin.

Hajamielinen viisaustieteen professori istui rantakivellä ja nakkeli virvelillä haukiuistinta. Sattuipa poliisi kulkemaan siitä ohitse ja epäili touhun luvallisuutta ja kysyi:
- Millä oikeudella te siinä kalastatte?
Professori katsahti ylös poliisin kasvoihin ja selitti rauhallisesti:
- Henkisen kehityksen ja älyllisen tietoisuuden suhteen ylivertaisen olennon oikeudella käytän hyväksi evoluutiohistoriallisesti alempiarvoisia organismeja.
- Jaa, no sitten, lepytteli poliisi. Anteeksi vain, eihän sitä kaikkia uusia lakeja ja asetuksia aina ehdi opetella. Hyvää päivänjatkoa vain.
- Sitä samaa teillekin, tuumasi professori.

Poliisi huomasi järvellä miehen, joka istui veneessä ja heitteli välillä dynamiittipötköjä järveen ja keräsi kuolleet kalat. Tällainen kalastus on laissa kielletty, joten poliisi työnsi vartioveneen veteen ja souti miehen viereen.
- Olette pidätetty ryöstökalastuksesta! Dynamiittia ei saa käyttää kalastukseen, se on laitonta! huusi poliisi.
- Mies katsoi poliisia hetken aikaa, sytytti dynamiittipötkön tulilangan ja ojensi dynamiitin poliisille.
- Piteletkö tuota vai kalastatko kanssani?

Kaksi kalamiestä heitteli uistinta kauniin järven rannalla. Kesken parhaan syönnin heidät yllätti paikallinen kalastuksenvalvoja. Miehet jättivät vapansa ja kipaisivat kiireimmän kaupalla kumpikin taholleen. Kalastuksenvalvoja lähti toisen perään ja niin sitä mentiin minkä kintuista päästiin. Vasta kymmenen minuutin juoksun jälkeen takaa-ajettu pysähtyi läähättämään tikahtumaisillaan.
- Vai salakalastusta kartanon vesillä, huohotti yhtä hengästynyt kalastuksenvalvoja.
- Kuinka niin? kysyi kiinniotettu vaatimattomasti.
- Onko teillä sitten kalastuskortti?
- Totta kai, mies sanoi ja näytti lupansa.
- Minkä helkkarin takia te sitten pakoon säntäsitte, kun minä tulin?
- Kun kaverilla ei ollut kalastuslupaa.

Oskari oli joutunut leivättömän pöydän eteen, kun oli pyydystänyt rauhoitusaikana suuren lohen. Käräjätuomari kysyi, että miksi hän oli kalastanut rauhoitettuja lohia niiden kutuaikana.
- Minä tapoin sen pikaistuksissani ja söin sen säälistä, kuului salakalastajan vastaus.

- Oletteko saaneet paljon kalaa tänään?
- Parhaan saaliin elämässäni.
- Saanen huomauttaa, että olen kalastuksenvalvoja ja että kalastus on täällä kielletty.
- Saanen myös huomauttaa, että olen maailman suurin valehtelija.

Mies tuli järveltä tavallista suuremman kalansaaliin kanssa.
- Onpa sinulla ollut ihmeellinen kalaonni, naapuri ihmettelee.
- Niin, ja omat pyydykset ovat vielä kokematta!

- Mitä tarkoitetaan ryöstökalastuksella?
- Se on sitä, että vie kalat naapurin katiskasta.
- Nuori mies, täällä voi onkia ainoastaan luvalla, sanoi kalastuksenvalvoja.
- Voi kiitoksia paljon, minä kun olen yrittänyt koko ajan madolla.

Pariskunta lähti veneilemään kauniina kesäpäivänä. Mies otti mukaansa kalastusvälineet. Kalastettuaan koko aamupäivän mies väsyi ja päätti mennä kajuuttaan päivänokosille. Nainen jäi ottamaan aurinkoa kannelle. Vähän myöhemmin paikalle saapui merivartija ja kalastusvälineet nähtyään tämä alkoi tivata naiselta kalastuslupaa.
- En minä ole kalastanut, nainen sanoi, eikä minulla ole aikomustakaan kalastaa. Siten minulla ei ole kalastuslupaakaan.
Valvoja ei uskonut naista, rupesi kirjoittamaan sakkolappua ja sanoi:
- Sinullahan on kuitenkin kaikki tarvittavat vehkeet.
- Siinä tapauksessa minä syytän sinua raiskauksesta, ilmoitti nainen.
- Enhän minä ole sinua yrittänyt raiskata! ihmetteli kalastusvalvoja.
- Mutta onhan sinulla tarvittavat vehkeet mukana!

Kalastuksen valvoja pilkkimiehelle:
- Onkos herroilla lupia?
Toinen pilkkijä: - Ei ole, mutta kävisikö pari märkää norttia.

Kauniaisissa on muuan runsaskalainen lampi, joka on niin ankarasti rauhoitettu, että kalastuskieltoa vartioimaan oli varta vasten palkattu kalastuksenvalvoja.
Vartija kierteli lampea ja etsi katseellaan merkkejä salakalastuksesta.
Yhtäkkiä rannasta johtavalla polulla häntä vastaan tuli Kaaleppi kori kädessään. Vartija katsoi Kaaleppia tiukasti ja ärähti:
- Mitä korissanne on? Näyttäkää!
Kaaleppi näytti. Kori oli puolillaan sätkiviä ahvenia.
Vartija haukkoi hetken henkeään ja murisi sitten:
- Tästä saatte suuret sakot ja joudutte ehkä tiilenpäitä lukemaan. Tällä lammella kalastaminen on äärimmäisen jyrkästi kielletty.
Kaaleppi räpytteli kirkkaita, sinisiä silmiään ja sanoi:
- En minä täällä kalastamassa ole ollut. Nämä ovat minun lemmikkikalojani.
- Lemmikkikaloja?
- Niin. Joka ilta minä tuon nämä lemmikkikalani tänne lammelle ja päästän ne uimaan. Siellä ne sitten iloisina polskivat ja hyppivät puolisen tuntia. Sitten kutsun ne takaisin koriin ja menemme kotiin.
- Taidat laskea luikuria.
- En taatusti laske. Voin näyttää teille, miten se käy.
- Näyttäkää sitten. Mutta ei mitään metkuja eikä äkkinäisiä liikkeitä sitten.
Kaaleppi asteli vartijan kanssa takaisin lammen rantaan ja laski kalat veteen. Vikkelästi ne vilahtivat syvyyksiin.
Kaaleppi ja vartija seisoivat vaiti lammen rannalla.
Lopulta vartija sanoi:
- No?
- No mitä?
- Miksette kutsu kaloja takaisin?

- Mitä kaloja?!
- Niitä teidän lemmikkikalojanne.
- Lemmikkikaloja! Mitään noin älytöntä en ole ikinä kuullut!

Kemijärvellä ovat valantehneet kalastuksenvalvojat hankkineet komeat mustat takit, jonka selkämyksessä lukee valkoisella kissan kokoisin kirjaimin: Kalastuksenvalvoja.
Kemijärvellä tähän investointiin on omat syynsäkin.
- Kun kalastuksen valvoja veneestään kumartuu nostamaan vieraan verkkojadan päätä, selässä paistava teksti näkyy kuulemma hyvin rannalla sihtaavan kalamiehen kiikarikiväärin tähtäimeen.

Metsähallituksen Ruunaan koskilla oli voimassa sellainen sääntö, että vuorokauden kalastuslupaa kohden sai ottaa vain yhden mitan täyttävän lohikalan. Horttanainen oli koskella kalalla ja syönti oli hyvä, lohta tuli ja rutosti. Papilla vain tylysti kaloja päähän ja reppuun.
Tuli siihen sitten kalastuksen valvoja paikalle ja totesi tilanteen. Horttanaiselle tuli lähtö leivättömän pöydän ääreen.
- Syyllinen vai syytön, tiedusteli tuomari.
- Syyllinen, myönsi Horttanainen.
- Jaaha, tästä tulee sitten ilman muuta sakkoa.
- Ja nyt, herra tuomari, pyytäisin saada käräjäoikeuden päätöksestä niin monta oikeaksi todistettua jäljennöstä kuin mahdollista. Muuten eivät ystäväni usko minua, kun kerron heille kalansaaliistani.

Kalastustarvikekauppias

Isossa kaupungissa oli julmetun suuri tavaratalo, josta sai aivan kaikkea, siis todellakin aivan kaikkea. Laittoivat sitten lehteen ilmoituksen myyjän paikasta ja paikkaa hakemaan ilmaantui ujohkon oloinen maalaispoika.
"Oot sitten maalta kotoisin?"
"Joo'o."
"Ootko ennen tehnyt myyntihommia?"
"Juu, kyllä mie siellä maalla..."
Vaikka sälli olikin vähän ujon oloinen, niin myyntipäällikkö jotenkin piti hänestä, ja otti hänet hommiin.
Pitkän hikisen ensimmäisen työpäivän jälkeen päällikkö tulee siinä viiden pintaan katsomaan, miten maalaispoika on pärjännyt.
"No, montakos kauppaa olet tehnyt?"
"Yhden."
Päällikkö on vähän pettynyt, ja toteaa: "Niin, yleensä meidän myyjät tekee sellaiset 20-30 kauppaa päivässä. Paljonkos arvoinen se ainokainen oli?"
"200 000 euroa."
"Kaksisataa tuhatta! Mitä ihmettä sä oikein myit?"
"Niin no, mie myin tälle kaverille ensin sellaisen pienen ongenkoukun, sitten vähän isomman, seuraavaksi sellaisen Rapalan viehesarjan ja vielä perhontekovehkeet. Sitten se tietysti tartti siimaa, ja mie myin sille ensin sellaista tavallista, sitten vähän vahvempaa ja vielä sellaista kunnon kissakalan kestävää extra kuitusiimaa.
Tietysti siihen sitten oli myytävä kunnon vavat ja kelat. Sitten todettiin, että kyllä se venekin tarvitaan, ja niin mie vein kaverin

veneosastolle ja myin sille Marino 9000:n erikoisvarustein. Seuraavaksi se totesi, ettei sen vanha kuplavolkkari kyllä jaksa vetää semmoista rohjoa, joten vein sen sitten vielä auto-osastolle ja myin sille Mercedes Benz maasturin ja siihen kippaavan nelipyörätrailerin.
Kaikkineen siitä tuli aika tarkkaan 198 985 euroa."
"Ei jumalauta, mies tulee ostamaan ongenkoukkua ja sä myyt sille kaiken tuon?"
"No ei ihan... itte asiassa se tuli ostamaan muijalleen tamponeja, ja mie sitten sanoin sille, että siun viikonloppusi on joka tapauksessa pilalla, mikset lähtisi vaikka kalalle..."

Kolmikymppinen nainen menee kalastustarvikekauppaan ostamaan virveliä kummipoikansa syntymäpäivälahjaksi. Hän ei tiedä minkä ottaisi ja valitsee summamutikassa yhden ja menee kassalle.
Myyjän näköinen mies seisoo tiskin takana yllään mustat lasit.
Nainen kysyy häneltä, että voitteko kertoa tästä virvelistä.
Mies sanoo: ”Olen täysin sokea, mutta tiputtakaa se tiskille niin kerron siitä kaiken. ”
Nainen ei usko, mutta pudottaa virvelin tiskille.
Myyjä sanoo: "Se on kuuden jalan grafiittivapa Shakespearen Zebco 404 kelan kanssa. Se on hyvä yleisyhdistelmä kalastukseen. Se on myynnissä tällä viikolla erikoishintaan 20 euroa. "
Nainen sanoo: "On hämmästyttävää, että voit kertoa tuon kaiken äänenperusteella! Minäpä ostan sen! "
Kun hän avaa käsilaukkunsa, hänen luottokorttinsa putoaa lattialle.
" Master Card", mies sanoo.
Nainen kumartuu poimimaan korttinsa ja pieraisee vahingossa.

Ensin hän on hämmentynyt, mutta tajuaa ei ole mitään keinoa miten sokea mies voisi kertoa, että se oli juuri hän. Sokea ei voi tietää, että muita ei ole lähistöllä.
Myyjä lyö tuotteen kassaan ja sanoo: "Se tekee 34,50 euroa, kiitos.
Nainen on hämmentynyt ja kysyy: "Etkö sanonut, että oli 20 euroa? Miten se nyt on 34,50?"
Mies vastaa: "Kyllä, rouva. Virveli on 20 euroa, mutta sorsatorvi maksaa 11,00 euroa ja kissakalan syötti 3,50 euroa."

Kalavaleiden virittelyä

Aina ei kalaretkellä ole mukana puntaria tai mittaa, jolla saaliskala saataisiin dokumentoitua. Yleisimmin käytössä oleva kalan mittausväline onkin ns. silmäpuntari, jolla saadaan jonkinlaisia lukemia saaliskalan koosta. Silmäpuntarin käyttö vaatii jatkuvaa harjoittelua ja varsinkin veteen punnittaessa silmäpuntari antaa ylisuuria lukemia.

Silmäpuntarin kalibrointi on erittäin tarkkaa puuhaa ja vaativa suoritus. Tavanomaisia silmäpuntarin kalibrointinesteitä ovat olut ja Koskenkorva. Kalibrointinesteen liika-annostus vaikuttaa sekä silmäpuntariin että puntaroijaan kohtalokkaasti.

Nyt varoituksen sanaa kalamiehille: Älkää sitten vahingossakaan ikinä päästäkö vaimoanne, naistanne tai ketään naispuolista ihmistä tarkistamaan painoaan kalavaakalla! Siitä ei seuraa muuta kuin itkua, potkua ja kaulinta päähän.

Kaikki kalastajathan sen tietävät, että kaloja on kolmen kokoisia:
Pieniä, suuria ja niitä karkuun päässeitä

Mies oli iltakävelyllä vaimonsa kanssa ja pysähtyi katselemaan kalastustarvikeliikkeen näyteikkunassa olevaa täytettyä suurta haukea. Vaimo kyselee, että mitä sinä noin mietteliäänä katselet?
- Tuotahan minä vain, tuota täytettyä valhetta.

Kalavale on kalajuttu sen jälkeen, kun kalastaja on sen kertonut muille.
Missä kalat kasvavat nopeimmin?
- Kalamiesten jutuissa.

- Olisin saanut hain mutta avanto oli liian pieni.

- Sain tosi ison hauen Pernajanlahdelta uistelemalla.
- No kuinka iso se hauki oli?
- Sen verran iso kala oli, että kun laitoin fileitä pakasterasioihin, hyvä että meni kansi kiinni

Kalamiehen poika kehuskeli:
- Minä sain viime kesänä uistimella niin ison hauen, että isäpappa väsyttää sitä vieläkin.
- Ihanko totta, sanoi naapurin poika. Eihän tuo vielä mitään.
- Minäpä sainkin kesämökkijärvestä virvelillä todella ison hauen viime kesänä. Valokuvan varjokin siitä painoi 7 kiloa.

Kaverini kertoi olleensa eilispäivänä Päijänteellä kalassa ja saaneensa tosi ison hauen.
"Kauhea helle oli päällä ja väsytys kesti tunnin. Kun sitten viimein sain kalan veneeseen niin olin aivan läpimärkä. Mutta niin se oli kyllä kalakin"!

Pikku Pekka retosteli pihalla: Mepä saatiin eilen isin kanssa niin iso hauki, että se ulottui vessan ovelta Kiinaan saakka.

Sain tuossa männä kesänä kalan. Sen digikuvakin painoi kolme kiloa.

Kaverit saivat niin ison hauen, että piti kahdella hevosella ajaa kolme viikkoa limoja hauen selästä.

Äijä sai suuren kalan, silmätkin sillä oli teevadin kokoiset, naulattu seinään, syöty kaksi viikkoa ja perkele vielä karkasi.

Kitkajärvessä oli kerran niin paljon muikkuja, ettei soutuveneellä pystynyt soutamaan. Kun eivät airot enää uponneet muikkujen sekaan.

Siiat ovat Kuusamon metsäjärvissä niin rasvaisia, että tyyninä kesäöinä itsestään pulpahtelevat pintaan. Kelluvilla puomeilla ja haavilla niitä on hyvä koota syömäkaloiksi.

Kerran ukko oli saanut Kuusamojärvestä valtavan ison hauen. Ukko ja akka olivat talven syöneet sitä haukea, silti se oli keväällä karannut kutemaan.

Oli kerran Kuusamossa eräässä rajavyöhykkeen lammessa niin paljon haukia, että kun menin kahvivettä hakemaan, niin en saanut pakkia upotettua, että olisi saanut pakin vettä täyteen.

Oli siellä Tuusulanjärvellä ennen vanhaan kauheasti kuhia ja isoja. Sarvikallion kohdallakin niitä oli niin paljon, että soutaessa vene nousi kuhien selässä pois vedestä, eivätkä airotkaan yltäneet veteen ollenkaan. Kuhia oli niin paljon, että kuhisi.

Minä kun kävin kerran kalassa Kuusamon Joukamojärvellä, niin sain niin paljon kaloja, etteivät kalat mahtuneet edes yhteen kasaan. Kasa voi olla taivaaseen asti korkea ja maapallon ympäri leveä ja sittenkään kalat eivät mahtuneet samaan kasaan.

Nestori kuunteli Kuusamon Verkko-Veikossa aikansa ukkojen kehukalajuttuja. Tokaisi viimein: Velipoika sai eilen Muojärvestä niin suuren hauen, että se piti lapiolla suomustaa.

Kuusamon Kallunkijärvi on kuulu ahvenistaan. Nestori uhosi kalajärvestään Verkko-Veikossa:
-Jos kaikki Kallunkijärven ahvenet pyydettäisiin pois, niin veden pinta laskisi ainakin 10 senttiä.

Viime helluntaina menin linja-autolla kaverini Nurmijärven rannassa olevalle kesämökille pilkkimään. Kala ei oikein syönyt, mutta sain sitten kuitenkin lopulta yhden ahvenen ja aika vonkale se olikin. Takaisin kotiin taas tietenkin, linja-autolla kun piti mennä, se pirun autokuski rupesi vaatimaan ahvenelta matkalippua kun on niin saakelin suurikin. Tässä ei mielestäni ollut mitään tolkkua, enkä ruvennut suosiolla maksamaan ja kyllä se kuski sitten lopulta antoi sen verran periksi, että lastenlippu riittää nyt tämän kerran, kun vannoin, että kala takuulla on alle 12-vuotias.

Kun eräänä syksynä olimme uistelemassa Päijänteellä sellaisella isolla vormuskalla, niin miten ollakaan niin siihen tarttui sellainen kuha, että kun sen veneeseen nosti, niin yli puolet jäi vielä veneen ulkopuolelle. No ei siinä mitään mutta kaverilla oli sellainen avolava Hiace, niin sen lavalle kun tuon kuhan nostimme, niin ainakin kaksi metriä siitä jäi lavan ulkopuolelle.

Ammattikalastaja Ilveksen rysään oli uinut aivan valtava merilohi. Kalamiehet kyselivät, että kuinka suuri se lohi oli?
- Niin se oli iso se lohi, että oli syönyt mahansa pullolleen hylkeitä".

Kalavaleita perinteisellä tyylillä

Meidän kesämökillä Kuusamossa on sitten isot ja komeat kalat. Viime vuonna niitä pyydettiin siimaviululla laiturilta ja paljon. Se tapahtui siten, että otetaan parikymmentä metriä paksuhkoa siimaa tahi pitkäsiiman selkäsiimaa, sidotaan päähän kivi ja heitetään järveen. Siima vedetään kireälle ja hinkataan pihkaa siimaan. Aurinkoisella ilmalla laitetaan männyn pihkaa ja sateisemmalla säällä kuusen pihkaa. Sitten siima kireälle ja ryhdytään vinguttamaan siimaa puukalikalla. Siitä tulee vähän samanlainen ääni kuin entisvanhasesta pirunviulusta, joka laitettiin ulkoa ikkunaan ja säikyteltiin sisällä olijoita.
Eipä tarvinnut kauan siimaviulua soitella, kun alkoi tulla siimaa pitkin ahventa, muikkua, siikaa ja muutakin kalaa laiturille. Laiturilla oli jokaiselle kalalle oma ämpärinsä ja niihin ne sitten tippuivat kukin lajinsa mukaan. Serkkupoika oli laiturin päässä ja tiputteli alamittaiset suoraan järveen. Joillakin kerroilla kalaa tuli niin hirveästi, että piti nostaa siimaa pystympään, jotta tulivat vähän hitaammin sinne laiturille, vähän niin kuin jyrkkää ylämäkeä pitkin.

Ville oli ollut armeijassa ja oli tunnettu kalajuttumies. Komppanianpäällikkö oli kertonut oman kalajutun jostain suursaaliista ja kysyi, että pystyykö kukaan panemaan paremmaksi. Ville oli tuumannut, että sain minä kerran muikkuja niin paljon, että eivät mahtuneet yhteen läjään, vaan piti tehdä pikkuläjä viereen.

Olimme kavereiden kanssa kalassa 1980-luvulla Lahden Vesijärvellä kun kuulimme tulilla Enonsaaressa juttua jätti ahvenesta, joka asusti saaren länsireunalla syvänteessä.

Viritimme kunnon syötin jossa oli rautakangesta tehty koukku ja puoli sikaa syöttinä. Vaijerilla koukku kytkettiin rantakallioon ja aloimme odotella osumaa.
Joimme siinä illalla muutaman olusen ja jopa aamuyöllä herpaannuimme nukkumaan hetkeksi.
Kun keskipäivällä heräsimme, niin saari oli kiertynyt 360 astetta eli kerran tai useammin ympäri koska pyörrytti ja syötti oli pois koukusta ja karkasi perkules se iso ahven taas!

Kaveri sai Näsijärvestä uistelemalla 16 kilon hauen. Peratessa sen vatsasta löytyi 7 kilon taimen. Taimen oli juuri nielty, melkein potki vielä. Tuostapa syntyy graavikalaa, ajatteli kaveri ja perkasi senkin.
Taimenta avatessa sen mahasta pullahti kolmen kilon kuha. Kuha oli ihan ehta, ei yhtään sulanut ja täysin syömäkelpoinen. Teenpä tuosta kuhasopan, ajatteli pyytömies.
Kuhaa peratessa sen vatsasta löytyi kilon ahven, melkein elävä ja täyttä filevärkkiä. Hyvää se on paistettu ahven, ajatteli kalamies ja perkasi senkin.
Ahventa peratessa vatsasta löytyi 300 gramman särki. No jopas, tästähän saa suolakalan mietti mies ja perkasi särjen.
Särjen vatsassa oli jotakin kummaa, tarkemmin katsottuna se osoittautui pieneksi nahkakukkaroksi. Kaveri avasi kukkaron, löysi sieltä kahden euron kolikon ja taitellun paperilapun. Lapussa luki että ”Saatanan savolainen valehtelija, osta tuolla vielä pippuriakin”.

Kaaleppi väitti saaneensa 15 kiloisen hauen katiskasta. Ville oli sanonut, että minä sain kerran 1,5 metrisen hauen tuulastamalla ja sillä oli lyhty pään päällä telineessä. Kaaleppi siihen, että ei voi pitää paikkaansa. Siihen Ville: Jos otat pois 5 kiloa niin minä sammutan sen lyhdyn.

Olimme joskus 80-luvulla kalassa Korppoossa Turunmaan saaristossa. Mukana minä ja veljekset, toinen veljeksistä sai virvelillä hauen. Tästä toinen veli innostui heittämään virveliä ja hups velipojalta lähti silmälasit virvelin mukana mereen aivan siististi ja huomaamatta.
Juttu jatkuu. Seuraavana päivänä virvelöimme samoilla vesillä ja mitä tapahtuikaan! Silmälasinsa menettänyt kaveri sai jälleen virvelillä hauen ja millaisen! Hauella oli päässään hänen silmälasinsa. Hauen päästimme vapaaksi ja kaveri sai rillinsä takaisin.

Vanhin kalavitsi ikinä:
Vanha kalamies haastoi satamakuppilassa hurjaa kalastustarinaa:
... ja heti päivän ensimmäisellä heitolla se nappasi kiinni ja alkoi vetää venettä perässään ympäri lahtea.
- Valasko se oli? kysyi joku kuuntelijoista.
- Ei, ei se valas ollut. Valas minulla oli syöttinä!

Toiseksi vanhin:
Presidentti Kekkonen teki taas kerran seurueineen kalastusreissun Lapin perukoille. Majoituspaikaksi sattui syrjäinen talo, jossa asui poromies perheineen. Talossa oli muutakin jännitettävää kuin presidentin seurueen majoittuminen: perheenlisäystä oli tulossa koska tahansa. Niinpä yhtenä päivänä kalaseurueen jo lähdettyä vesien ääreen, synnytys tapahtui. Syntyi potra poika perheeseen. Illalla tietysti iloisesta perhetapahtumasta kerrottiin myös Kekkoselle. Samalla harmiteltiin, kun talosta ei löytynyt vaakaa, jolla lapsi olisi voitu punnita. Reiluna miehenä Kekkonen lainasi kalavaakaansa. Poikavauva punnittiin ja painoksi todettiin 11,5 kg.

Kalavaleita kukkuramitalla

Laihian lähellä joenrantaa sijaitsee vanha maatalo. Olin siellä sattumalta yhtenä keväänä, kun joki alkoi tulvia ja talon isäntä huomasi pian, että hänen maastaan jäisi suuri osa veden alle. Silloin hän siirsi kaiken siirrettävissä olevan omaisuutensa maansa korkeimmalle kohdalle ja autoin siinä häntä. Mutta veden alle joutuvalle alalle jäi mm. tarkalleen kolme kilometriä piikkilanka-aitaa. Se oli viisilankainen aita ja joka pylväsvälillä oli langassa 32 piikkiä, siis yhteensä 102 400 piikkiä.
Nyt isäntä ja minä kiinnitettiin jokaiseen piikkiin pieni lihapalanen. Sitten juoksimme kiireen kaupalla ylemmäksi, koska jokivesi tulvahti aitaa kohti.
Tulvaa ei kestänyt onneksi kuin 26 tuntia. Sitten vesi jälleen laski ja isäntä ja minä lähdettiin tutkimaan aitaa.
Aivan oikein!
Siellä odotti Pietarin kalansaalis!
Ukko totesi minulle, että kolmea piikkiä lukuun ottamatta kaikissa muissa oli kala: kaikkiaan siis 102 397 kalaa.
Ja näiden yhteispainoksi kertyi punnituksessa lähemmäs puolimiljoonaa kiloa.
Niin, ja sitten se helvetin maataloustirehtööri haukkui minut suut ja silmät täyteen törkeyksiään!
Miksikö?
Siksi, että olin laittanut syötin niin huolimattomasti niihin kolmeen tyhjään piikkiin!

Pilkillä ollessa kairasin jäähän reiän, josta yllättäen näkyi suuren kalan oikea silmä. Perin metrin päähän edellisestä reiästä kairasin toisen reiän, josta näkyi samaisen kalan vasen silmä. Ei ollut kuitenkaan tarpeeksi suuri kala, joten päästin sen pilkistä vapaaksi...

Olinpahan tuossa huhtikuussa mökillä useamman päivän kalassa ja kalaa tulikin ihan mukavasti. Yhtenä aamuna taas sitten menin verkoille ja pari matikkaa ja useamman lahnan sainkin ja niitten lahnojen joukossa oli semmoinen kuus-seitten kiloinen hauki. Ensiksi otin käsittelyyn rannassa perkuupaikalla sen hauen. Sen maha oikein pullotti ja ajattelin, että tämä vesipeto on nyt syönyt kaikki tämän järven muikut mahaansa, kun se niin pullotti. Sitten vetäisin Mora-puukolla sen mahan auki, kun olin sitä ensin kopauttanut kalapampulla kunnolla päähän. Suuri oli hämmästykseni, kun sieltä hauen mahasta löytyikin käsi, melkein sulanut ihmisen vasen käsi. Ei nyt ihan olkapäästä asti, mutta tuosta vähän ranteen yläpuolelta kuitenkin.
Se käsi oli limainen ja melkein mädäntynyt, kun se putosi siihen rantakivikolle. Ajattelin sen sitten viskata vähän kauemmaksi siitä haisemasta. Kun tartuin siihen käteen, niin hämmästyin vielä enemmän. Siinä kädessä oli nimittäin kännykkä. Se oli samanlainen vettä pitävä Eriksson kuin itselläni kin. Sitten huuhtelin sitä kännykkää ja putsasin siitä kaikki limat pois ja sitten hämmästyin entistä enemmän.
Uskokaa tai älkää, mutta siinä kännykässä oli virta päällä ja tietysti laitoin sen korvalleni ja kuuntelin, että kuka siellä mahtaa olla linjan toisessa päässä. Nyt minä olin aivan kauhean hämmästynyt, sillä kännykästä kuului, että olette juuri soittaneet Sampo pankin puhelinpalveluun ja kaikki asiakaspalvelijamme ovat nyt varattuja, mutta kun odotatte hetkisen, niin palvelemme teitä tuokion kuluttua.

Sain eilen virvelillä hauen. Aukaisin sen ja vatsasta löytyi pienempi hauki. Sen vatsasta löytyi ahven. Ahven oli herkutellut muikkuparvessa. Tänään vaimo leipoi muikuista viisi kalakukkoa.

Se oli viime viikolla, kun olin uimassa Kokemäenjoessa ja yhtäkkiä huomasin samean jokiveden syvyyksistä kimppuuni hyökkäävän sellaisen ison kolmimetrisen sampikalan. Se oli varmasti jäänyt aikoinaan loukkuun Kokemäenjokeen kun joki padottiin rakentamalla Harjavallan voimalaitos. Tiesin kuitenkin, että sammet ovat kasvinsyöjiä ja sehän halusikin vain painia kanssani. Ne on vielä aika hyviä siinä vesipainissa, niin että haastava ottelu siitä tuli. Vesi pärskyi ottelussa, mutta viimein sain otettua niskalenkin siitä himputin sammesta ja tartuin sitä selkäevästä kiinni. Tästä se otus vähän suutahti ja lähti rivakasti uimaan ja minä perässä roikkuen kohti voimalaitosta. Matkaa sinne oli jotakin kolmisen kilometriä. Isot aallot siinä syntyi, matkalla kaatui pari soutuvenettä ja joen rantatörmää sortui monen sadan metrin matkalta, molemmilta puolin jokea. Se sampi kiskoi minua kohti sitä joen pohjoispuolella olevaa käytöstä poistettua tukkiränniä, jonka pää on toista metriä joen pinnan yläpuolella. Siinä tukkirännin kohdalla minä otin sitä sampea kiinni sillä tavalla, kuten hevosta ohjastetaan, ja silloin se hyppäsi kunnon ilmalennon suoraan sinne tukkiränniin. Kun se ränni oli kuivana, niin loppui matkanteko siihen.
Oli tuuria, kun velipojat olivat juuri silloin kalalla voimalaitoksen alapuolella, niin ne tulivat minua auttamaan sen sammen perkaamisessa. Ja sitten me grillattiin porukalla sitä sampea nuotiolla ja voi että se oli sitten hyvää kalaa.

Sain kerran omasta verkosta niin ison hauen, joka oli jaksanut kiskoa 12 muun kalastajan verkot nokassaan mukanaan. Kun suomustin kaikki saamani hauet, tein niistä suomuista navettaan uuden katon.

Minä taas olin kerran uistelemassa Kuusamojärvessä läheisten kesämökkien tuntumassa. Heittelin uistinta ruohikon rajaan aikani, kunnes tunsin jonkin suuren kalan tarttuvan vieheeseen kiinni.
Kelasin siima sisään ja veden pintaan ei noussutkaan kala vaan uhkea blondi uimapuvussaan!
Uistin oli tarttunut sukeltamassa ollutta blondia rintaliiveihin, jotka olivat jo siiman vedosta valuneet blondin lantiolle.
Pyytelin anteeksi ja soudin blondin luokse irrottamaan uistinta.
Autoin blondin veneeseen ja kyselin millä voin korvata aiheuttamani vahingon rintsikoille.
Niin siinä sitten kävi, että kävin blondin kesämökillä laittamassa laastarin hänen selkäänsä, johon uistin oli tehnyt pienen naarmun.
Luulin asian jäävän siihen mutta blondi ehdottikin korvaukseksi seksiä, johon olinkin suostuvainen.
Illan aikana tuli blondia pantua 7 eri kertaa ja aamulla vielä kolmesti.

Mustalammen Eino oli talviverkkoja nostellessa saanut ison hauen ja sitä päästellessä huitaissut sitä kirveellä niskaan. Mutta haukipa oli kirves niskassaan pyörähtänyt takaisin avantoon. No, elähän mittään:
Seuraavana syksynä verkkojaan veneeseen kiskoessaan, samainen hauki ja kalliinhivakka Bilnäsin kirves niskassaan, muljahtivat takaisin veneenpohjalle. No, hätä ei ollut tämän näköinen: Silloin Eino laittoi akkansa hajareisin istumaan 16 kiloisen hauen selkään, kunnes kotirannassa sahasi hauelta niskat nurin.

Käväisin tänään iltasyönnillä lähistöllä sijaitsevalla järvellä. Katoin jo kaukaa, että mikä tukinuitto siellä on meneillään, kun valtavia pöllejä oli kaislikot täynnä! Sehän selvisi, kun kalapakin kantta raotin! Ne olivat valtavia haukia! Hauet haistoivat minnowspoonin jo kaukaa ja lähtivät uimaan hirveää vauhtia kohti! Sitten kävi vähän huono tuuri, kun rannassa on vaan puoli metriä vettä... Jänkäkoirat jäi jumiin! Puoleksi pinnalla, puoleksi vedessä. Noh, eihän siinä auttanut kuin soittaa naapurin Maukka tukkirekkansa kanssa haukia irrottelemaan. Maukka nosteli kalat yksitellen ja siirsi ne tukkirekkansa "nostimella" syvempiin vesiin. Siinähän vierähti sen verran aikaa, että pimeä tuli, eikä enää varsinaisesti kalastamaan ehtinyt. Noh, ensi kerralla sit!
- Kertoi Sonni Pesonen 6.10.2014 FB ryhmässä kalastajat.

Olimme 80-luvun alussa silloisen tyttöystävän kanssa virvelöimässä Turun saaristossa. Tyttöystävä oli ottanut mukaansa pienen chihuahua koiransa, Keken. Erään kaislikkorannan kohdalla Keke luiskahti keulatuhdolta mereen. Siinä samassa lähti noin kymmenen metrin päästä hauen selkäevä lähestymään Kekeä, kuin tappajahai elokuvissa ikään. Ja mitään emme kerinneet tehdä. Kävi vain molske ja loiske, kun arviolta liki parikymmenkiloinen haukimamma oli niellyt Keken.
Ja voi sitä porua ja itkua mikä tyttöystävältä pääsi, että sinne se näyttelyvalio nyt joutui hauen suuhun. Ja minä olin isoin roisto mitä maa päällään kantaa, kun olin tällaista retkeä ehdottanut. Mutta, mutta. Siinä lohduttelun lomassa huomasin läheisessä kaislikkorannassa liikettä. Minä liikkeen suuntaan venettä huopaamaan. Päästiin näköetäisyydelle ja eikös perhana se

haukimamma ollut sulattelemassa Kekeä puolen metrin rantavedessä.
Otin airon kouraan ja tempaisin oikein olan takaa haukea takaraivoon. Napakymppi isku ja hauelta lähti äly pihalle. Minä esittämään sankaria ja hyppäsin veneestä veteen. Aika kampeaminen hauessa olikin ennen kuin sain sen veneeseen. Hyvin oli airo osunut, sillä hauki oli siihen kuollut. Ja vatsa pömpötti kuin koiran syöneellä hauella vain voi pömpöttää. Ihan kun sieltä vatsasta olisi näkynyt hienoista liikettä. Kärppänä otin puukon kouraan ja sitten tappajakalaa suolistamaan.
Ja ihmeitten ihme tapahtui. Hauen vatsalaukusta löytyi pikkusilakoitten seasta limainen Keke ilmielävänä ja pirteänä. Pikaisen huuhtelun jälkeen totesimme Keken säilyneen melkein ilman naarmun naarmua. Ainoastaan toisen etujalan yksi polkuantura oli haljennut hauen hampaissa.
Täytyy myöntää, että oli harvinaisen sitkeä pikkukoira. Ei saanut minkäänlaista kammoa veneilyyn tai kalastukseen. Ja pärjäsi vielä tämän kokemuksen jälkeen koiranäyttelyissäkin.
Hauen savustimme seuraavana päivänä. Oli hieman puisevan makuinen. Olisi pitänyt voissa paistaa.

Eräs mies oli tunnetusti kova valehtelemaan. Eräänä aamuna hän mennä tohotti kovaa vauhtia kylän läpi rantaa kohti. Kaverit huusivat hänelle:
- Minne sinulla noin kova kiire on. Tule ja kerro joku kunnon vale.
- En minä nyt jouda valehtelemaan. Tuosta järvestä on viime yönä saatu niin suuri kala, että sellaista ei ole ennen nähty.
Epäilys heräsi, josko tuo on taas niitä juttuja. Mutta suuri uteliaisuus voitti ja kaikki juoksivat ukon perässä rantaan. No, oliko siellä kala? Ei tietenkään. Tämähän on kalavale.

Kuusamon Torankijärvessä asusti vanhaan aikaan aivan mahdottoman suuri hauki. Se katkoi aina uistelijoiden siimat ja verkot olivat riekaleina sen jäljiltä. Päättivät pappilan miehet kerran oikein tosissaan ryhtyä pyytämään tätä hirmua. Paksu köysi otettiin siimaksi, hiilihangosta väännettiin koukku ja laitettiin elävä kukko syötiksi koukkuun. Ja sitten ryhdyttiin tomerasti uistelemaan kaislikon kuvetta pitkin.
Hauki ottikin koukkuun ja vei venettä niin että kokka kohisi. Kalamiehet kamppailivat puoli päivää ennen kuin saivat soudettua veneen rantaan. Niin olivat miehet väsyneitä, että kalan vetämiseen maalle piti hakea tallista hevonen. Hauki pani vastaan niin kovasti, että hevonen piti kengittää välillä kolme kertaa. Kun kala viimein tuli maalle, niin järven pinta laski 20 senttiä.
Syömisten lisäksi hauesta saatiin monenlaisia tarpeita. Suutarit neuloivat hauen nahasta kenkiä ja pärehöyläákään ei tarvinnut sinä vuonna käyttää, sillä hauen suomuista riitti kattotarpeita koko kylälle, katot tehtiin sen hauen suomuista, jotka olivat lumilapion kuupan kokoisia.

Kävin kalastelemassa Kolmisopessa Sotkamossa aivan Talvivaaran alueella. Siinä hetken kalasteltuani alkoi jo hieman ongenvapa heilahdella. Kalaa alkoi nousta ja huomasin jokaikisen kalan olevan mukavan kuparin hohtoisia. Sieltä ei enää noussut hopeakylkisiä särkiä vaan nikkelin kellertäviä kultakaloja. Tänä päivänä olen myynyt niitä tuonne eläinkauppaan kultakaloina ja kauppa käy hyvin.

Keväällä parikymmentä vuotta sitten kävelin Oulujärven rannalla hauen kutuaikaan, kun huomasin rantavedessä kaislikossa jättihauen. Hauki oli tullut ihan matalaan rantaheinikkoon aurinkoon kutemaan ja se oli tosi iso, niin iso, etten ollut moista nähnyt elämäni aikana, en edes kuvissa. Jälkeenpäin arvioin sen pituudeksi noin 3 m.
Tietenkin aloin katselemaan astaloa, jolla olisin voinut kumauttaa hauen tajuttomaksi. Lähistöllä ei ollut minkäänlaista tappovehjettä, koska kyseessä oli rantaniitty, josta joskus oli niitetty heinää. Ainoastaan siihen oli jäänyt vanha risukarhi. Kun ei muutakaan ollut, otin risukarhin ja paiskasin sen hauen selkään. Hauki tietenkin otti ja lähti kiitämään risukarhi selässä kohti ulappaa.
Tämä tarina on siinä mielessä huono, että en saanut saalista, vaan sinne meni hauki ja risukarhi. Harmittaa enempi se risukarhi. Se olisi ollut jossakin kotiseutumuseossa hyvä näyttelyesine nuoremmille sukupolville. Toivomukseni olisi, että nimeni ei tulisi julki, koska risukarhin omistaja saattaa esittää korvausvaatimuksia menettämästään museoesineestä.

Sivakkajärvellä kalastaessani sain sieltä niin paljon ahvenia, että lopettaessani onkimisen, järven vesi oli laskenut ainakin 30 cm.

Ongella ollessa oli niin hyvä kalansyönti, että menin lopulta puun taakse laittamaan matoa koukkuun.
Vaikka olin kaloilta piilossa, silti meinasin tukehtua hirmuiseen kalasaaliiseen.

Kalastin Pielisellä kerran melko ison hauen. Käytin koukkuna suokuokkaa ja syöttinä lehmänraatoa.

On tämä niin ihme juttu, ettei sitä meinaa uskoa itsekään. Olin Kuusamon mökillä tuon karvaturrin kanssa, lähellä Venäjän rajaa. Muutaman verkon nostettua saalista ei tullut, mitä nyt muutama parin kilon hauki ja niitähän ei vanha Kuusamosta lähtöisin oleva arvosta, siika, muikku ne vain kalaa on.
Kunnes sitten tämä noutajien rotuun kuuluva "elämäntoveri" syöksyi järveen, ui kuin riivattu, minä huudan perään, kun hätä tuli, että se tekee rajaloukkauksen, mutta kiltti koira kun on niin palasi suussaan suuri siika. En punninnut kalaa, kun siellä ei ollut vaakaa, mutta kun käsiäni levitän, niin ainakin se kapellimestarin tahtipuikkojen välin verran oli.
Joten suotta kai niitä verkkoja yms. hankkii ja lupamaksuja kalastuskunnalle maksaa, sillä ei koira tarvitse korttia, ellei eduskunta uutta kalastuslakia säädä.
Ps. Siitä siiasta tehtiin kalakeitto neljälle, savustettiin iso annos, suolattiin kupillinen ja itse kalastaja sai kunnon aterian!

Meillä tämä Rukajärvi on niin kalainen, että matokin pitää panna koukkuun puun takana piilossa.

Pikku poikana kerran menin kalaan linja-auto kyydissä, tulomatkalla oli mukana niin iso kala, että linja-auton rahastaja peri siitäkin lapsenlipun hinnan.

Sain eilen sen verran ison siian, että sen varjonkin suolaamiseen meni puolitoista kiloa merisuolaa!

Kiihtelysvaaran Kastelammissa on kaloilla niin vähän ravintoa, että kun saatuani lammesta kaksi matikkaa, ne söivät kalasopan kiehuessa keitosta perunat ja sipulit.

Kerran toin kotiin niin ison kalan, että jos se olisi tullut verottajan tietoon, siitä olisi peritty huvivero.

Vuonna 2004 Marinlahden kaupan pihassa EM-vetouistelukisojen aikaan oli piha täynnä ihmettelijöitä. Kurvasin autolla pihaan, koska ihmettelin mitä siellä on tapahtunut. Kala vaa'assa oli 37,2 kg hauki.
Ihmettelin mitä tuossa oli niin ihmeellistä ja väitin nähneeni tuon hauen äidin, joka on vasta iso. Ihmisjoukko purskahti nauruun. Suutuksissani ajoin Manamansalon lossille ja päätin näyttää niille tyhjän naurajille. Ojanperän kaupasta kävin ostamassa rautakangen ja Vuolijoilla sepällä siitä tein koukun. Käkisaaresta kävin ostamassa viikon vanhan vasikan syötiksi ja Vuottolahden caravaanari alueelta vuokrasin soutuveneen ja 500 m manillaköyttä.
Tullessani Ärjänlahden suuaukolle Vuottolahdesta päin nappasi heti. Soudin rivakasti Kumpuniemeen ja sidoin köyden suurimpaan petäjään. Juoksujalkaa aloin hätyytellä Vuoreslahden ja Koutaniemen traktorikuskeja. Kymmenkunta saatuani pistin ne jonoon ja saalis maihin.
Kalan koosta voidaan mainita seuraavaa. Traktorimiesten taloudessa sinä syksynä ei marjassa käyty eikä hirvi metsällä kuin joulukuussa kun pakaste oli täynnä ja Kainuun tiedotusvälineissä ihmeteltiin Oulujärven yhtäkkistä 10 cm pinnanlaskua ihan oikein professoreiden kanssa. Heidän ihmeelliset syyt vasta oli huvittavia.

Kuten vanhemmat kajaanilaiset kalamiehet muistavat, Sokajärveen istutettiin puolivuosisataa sitten karppeja. Lajin on uskottu jo kokonaan hävinneen. Nyt kuitenkin näistä erittäin pitkäikäisistä, suuren koon (40-60 kg) saavuttavista kaloista, selkäsuomutkin ovat puolen pelikortin kokoisia, voi tehdä havaintoja matalassa Sokajärven eteläpäässä, parhaat havaintoajat ovat lämpiminä kesäiltoina, veden lämpötilan ollessa yli +20C.

Horttanainen ja Ryynänen olivat olleet kalalla Haukivedellä. Palailivat autolla kotia kohti, kun huomasivat taustapeilistä poliisiauton tulevan vilkut päällä perässä ja näyttävän pysähtymismerkkiä. Kalastajat luulivat ajaneensa ylinopeutta, mutta oikea syy selvisi kuitenkin pian. Olivat unohtaneet laittaa auton peräkontissa olevan saalishauen pyrstöön punaisen varoituslipun, joka varoittaa ylipitkästä kuljetuksesta.

Hirmuhauki nousi avannosta paljain käsin Janakkalassa. Otsikko IS-verkkolehdessä 20.1.2013.

Minulla olisi kaksikin hyvää valetta, mutta nyt en ennätä niitä kertomaan, koska kuulin, että Jussilan Kalle on saanut käestämällä ison muikkusaaliin. Koutaniemeltä saa noutaa itselleen muikkuja, kun vaan menee astian kanssa paikalle.

Kansainvälisiä

Ruotsalainen tuli talvilomalla Suomeen, vuokrasi mökin ja marssi tomerasti ulos ja kairasi avannon, tipautti pilkin avantoon ja istahti pilkkijakkaralle odottamaan tärppiä.
Paikalle tuli keskimääräistä kielitaitoisempi kylän mies juttusille kyselemään, että tuleeko kalaa?
- Ei vielä. Tulin ihan äsken, mutta paikka näyttää niin hyvältä, että varmaan pian tulee ahventa, vastasi ruotsalainen.
Paikkakuntalainen siihen, että jos saat kalan, niin tule sen kanssa sitten tuohon punaiseen taloon tuolla vasemmalla. Otetaan kalasta oikein kuva ja pannaan se kylän lehteen.
- Miten niin lehteen? kysyi hölmistynyt ruotsalainen.
- No kun kesällä tässä on meidän kaurahalme, vastasi kylän mies.

Mitä tapahtuu, kun venäläinen ja ruotsalainen lähtevät kalavarkaisiin lohilammikolle?
- Venäläinen jää kiinni rysän päältä, mutta ruotsalainen ryssän päältä.

Presidentti Kekkonen oli aikoinaan vierailulla USA:n silloisen presidentin Jimmy Carterin luona. Valtionpäämiehet menivät kalastamaan. Onkiessaan he havaitsivat hurjaa vauhtia ohi viilettävän vesihiihtäjän.
- Kyllä teidän ihmisoikeuskampanjanne on onnistunut, totesi Kekkonen.
- En olisi nimittäin uskonut, että täällä voi valkoinen moottoriveneilijä vetää perässään mustaa vesihiihtäjää.
- Mikä ihmeen kampanja? Carter kysyi hölmistyneenä.
- Miten teillä sitten pyydetään haikaloja?

Svensson selittää kalakaverilleen Karlssonille:
- Sain eilen yli metrin mittaisen lohen uistelemalla, mutta heitin sen laidan yli takaisin mereen, kun minulla ei ole niin suurta paistinpannua.

Kuinka monta ruotsalaista tarvitaan talvikalastukseen?
- Kuusi. Kaksi hakkaamaan avantoa jäähän ja neljä työntämään venettä avannosta sisään.

Mitä tekee ruotsalaispoliisi, kun vaimo käskee hänen avata sardiinipurkki?
- Koputtaa poliisipampulla purkin kylkeen ja huutaa: "Här är polis, öppna".

Ruotsalaiset keskustelivat:
- Kerran sain niin suuren hauen, että se piti vetää veneen alle ja hukuttaa!

Kaksi Ahvenanmaan tappajahaukea oli uinut Maarianhaminan uimarannan edustalle. Aikoivat napata loppuviikon evääkseen jonkun aurinkorasvasta kiiltävän ruotsalaisen naisturistin. Uiskentelivat hiljaa rannan lähelle ja näkivät surfarin ensimmäistä kertaa elämässään.
- Kato ihmeessä, sanoi toinen hauki. Tänään tarjotaan ruoka tarjottimella ja oikein servetin kanssa.

Tiedätkö miten ruotsalaisen saa hulluksi?
- Laitetaan se yksinään pyöreään huoneeseen ja sanotaan, että nurkassa on Janssonin kiusausta.

Montako englantilaista perhokalastajaa tarvitaan vaihtamaan hehkulamppua?
- Kolme: Yksi vaihtaa lamppua, toinen kertoo, kuinka paljon suurempia lamppuja hän on viime kesänä vaihtanut ja kolmas sanoo, että sininen lampunvarjostin on huomattavasti parempi tällä säällä.

Valtionpäämiehet ovat myös kalastuksen harrastajia. Silloinen Venäjän presidentti Boris Jeltsin oli kutsunut silloisen USA:n presidentin Bill Clintonin hauenuistelureissulle Vienan Karjalaan Tuoppajärvelle, joka on kuuluisa vallan hirmuisista hauista. Clinton hyppäsikin heti yksityiseen suihkukoneeseensa ja suuntasi kohti Moskovaa, mutta päätti kuitenkin viime tipassa tehdä välilaskun Helsinkiin. Yllättäen hän pyysi myös presidentti Martti Ahtisaaren mukaan kalareissulle.
Kun kolmikko sitten oli Tuoppajärven rannalla ja Ahtisaari poistui pusikkoon käärmenäyttelyyn, niin Jeltsin kysyi Clintonilta, että miksi sinä toit tuon Ahtisaaren tänne mukaan. Siihen Bill Clinton vastasi, että itsehän sinä sanoit puhelimessa, että muista ottaa vaappuja mukaan.

Reinillä tarttui komeanpuoleinen lohi saksalaisen virkistyskalastajan uistimeen. Kun kala oli väsytetty ja haavittu kuiville, lohi sanoikin kalastajalle:
- Heitä minut takaisin virtaan, tunnen kalan, joka on paljon suurempi kuin minä, saat sen varmasti virveliisi.
Kalastaja empi, mutta täytti pyynnön ja aivan oikein, isompi kala tuli. Mutta se sepitti saman tarinan kuin ensimmäinenkin ja sekin säilytti henkensä. Sitten tulikin jo niin iso lohi kuin kalastaja itsekin. Sekin pyysi armoa ja lupasi vielä suuremman

palkkioksi. Kalastaja heitti taas uistimen veteen ja ryhtyi kelaamaan ja kun sitten uistin tuli pinnalle, oli siihen tarttunut pikku kukkaro ja sen mukana oli kirjelappu:
- Tiedämme, ettette syö kalaa. Mutta teillä on hyvä onni. Menkää nyt läheisen kylän kapakkaan ja tilatkaa tällä setelillä annos lämpimiä verimakkaroita, hapankaalia ja litran tuoppi tummaa olutta.

Tulikin mieleen juttu, kun eräs turistikalastajaseurue oli Afrikassa Assuanin tekojärvellä kalastamassa Niilin ahvenia. Tullessaan erään joen rantaan he kohtasivat näyn, kun krokodiilit olivat syöneet muutaman alkuasukkaan ja jalat näkyivät vielä pedon suusta.
Joku totesi, että " mitä helvettiä, valittavat aina köyhyyttään ja jokaisella on kuitenkin Lacosten makuupussit"

Neuvostoliiton aikaan Suomen ja Neuvostoliiton välisellä Rajajoella istui kaksi kalamiestä omilla puolillaan rantaa ja onki kaloja. Suomen puolella oleva kalamies veteli komeita kaloja kuiville solkenaan, mutta naapurin karjalainen ei saanut omalla puolellaan mitään. Naapuri ei kestänyt enää katsella suomalaisen kalan tuloa ja huusi toiselle puolelle:
- Mikähän siinä on, kun kala syö siellä Suomessa, mutta täällä ei tule sinttiäkään.
- Onkohan ne kalat siellä itäpuolella oppineet, että jos haluaa pysyä hengissä, niin kannattaa pitää suunsa kiinni.

Karskit kalamiehet

Karskin kalamiehen uudempi määritelmä:
- Se syö kirjolohta.

Karskit Kalamiehet y.r. (= yritetty rekisteröidä) olivat päättäneet perustaa joulupukkipalvelun kerätäkseen matkakassaa Egyptin Nasser-järvelle suuntautuvaan Niilin ahventen jahtiin. Lakimies Pykäläiselle sattui huki Saarenkylän vanhainkodin pikkujouluihin.
Kun pukki tuli jakamaan lahjoja ja jututti vanhuksia, muuan vanhempi pariskunta kysyi vuorostaan pukilta:
- Mitenkäs ne käy pukilta seksihommat, kun pukki on niin paljon meitä vanhuksiakin vanhempi? Tarvitaanko sitä jo Viagraa?
Pukki läimäytti kämmenellään reittään ja vastasi:
- Ei tarvita Viagraa, kun mulla on Sammon seisontavakuutus.

Karskit Kalamiehet pitivät ongintakilpailuja Katajanokan rannassa. Miten sattuikaan, sinne tuli myös Pelastusarmeijan naissotilas, joka ryhtyi keräämään avustusta niin katselijoilta kuin onkijoiltakin. Kun naissotilas ojensi keräyspurkkinsa erään Karskin Kalamiehen nenän alle, tämä kysyi yllättyneenä:
- Mitäs tämä on?
- Tämä tulee Jeesukselle, nainen vastasi.
Kalamies korotti silloin äänensä ja huusi pitkin onkijariviä:
- Hei kaverit! Tunteeks joku Jeesusta? Täällä on yks muija, joka on tuomassa sille purkillista onkilieroja!

Oli virkistyskalastusseura Karskit Kalamiehet y.r:n pikkujoulut ja meno ja melske aikamoinen. Horttanainen lähti ensimmäisenä kotiin ja oikaisi hautausmaan kautta, mutta putosi avonaiseen vastakaivettuun hautaan. Huuteli kovasti kavereita auttamaan, mutta kukaan ei kuullut ja vilu alkoi kangistaa.
Aamuyöstä muut seuran jäsenet konttasivat hautausmaan lävitse ja kuulivat Horttanaisen valittavan kylmyyttä. Konttaajat kurkkasivat haudan reunalta monttuun ja totesivat:
- No ei mikään ihme, kun sulla palelee, kun olet kaikki mullat potkinut päältäsi.

Karskit kalamiehet pitivät pikkujoulua ravintola Laulumiehessä ja meno oli jälleen aivan hirveätä. Lakimies Pykäläinen sai melskeessä haavan nenäänsä, kun sammui pöytäänsä grogilasin päälle.
Seuraavana aamuna Pykäläinen meni lääkärille, joka kysyi mistä erikoinen haava oli tullut, johon juristi vastasi, että lasien syytä kaikki.
Lääkäri yritti positiivisesti kysyä, että miksi käytätte laseja eikä piilolaseja?
Lakimies Pykäläinen jurahti krapuloissaan:
- Piilolaseista on vitun vaikea juoda viskiä.

Karskin kalamiehen krapulatesti:
Laitetaan lasillinen viskiä ikkunalle auringon paisteeseen. Lisäksi lasiin laitetaan läskinpala, nahka ja karvapuoli ylöspäin. Sitten kun juoma on lämmennyt parisen tuntia, juodaan se yhdellä ryypyllä. Jos läskinpala pysyy alhaalla mahassa, ei ole krapulaa.

Karskit kalamiehet keskustelivat seuran pikkujoulun jälkeen. Mitkä ovat I, II ja III asteen kankkusen tuntomerkit.
I asteen kankkusessa kauravelli polttaa kurkussa kahdesti. Kerran kun menee alas ja toisen kerran, kun tulee ylös.
II asteen kankkusessa ei sisällä pysy muuta kuin Rapalan isompi kolmen koukun haukiuistin.
III asteen kankkusessa ei auta lähteä kaupungille, sillä näkövammaiset pyrkivät jäämään autojen alle, kun luulevat maksan vinkumista liikennevalojen ääniopasteeksi.

Karski kalamies joutui kalastuskauden päätteeksi sairaalahoitoon. Ote sairaskertomuksesta:
Tulosyy: ei ole syönyt kolmeen viikkoon mitään. Juo päivittäin 20 pulloa olutta. Oluen katsoo olevan ainoa itselleen sopiva ravinto. Alkoholin käytön kieltää kokonaan.

Helsinkiläisen virkistyskalastusseuran Karskit Kalamiehet iskujoukko oli kalamatkalla Afrikassa. Kalastivat Madagaskarin rannikolla purjekaloja. Keskipäivän aikaan kävi kuumuus aivan tukahduttavaksi ja kalamiehet ajattelivat pulahtaa mereen vilvoittelemaan.
- Voiko tässä uida?
- Kyllä voi.
- Onko täällä haita?
- Ei, ei ole ensimmäistäkään.
Kaikki karskit kalamiehet riisuivat munasilleen ja hyppäsivät veteen. He kyselivät oppaalta, että mistä johtuu, että kaikki hait ovat kadonneet. Opas vastasi:
- Krokodiilit ovat pelottaneet ne pois.

Katiskapyyntiä

Katiska on perinteinen suomalainen kalastusväline, jossa hauen kasvunopeus on suurin. Aamulla katiskasta otettu puolen kilon hauki on illalla vähintäänkin kymmenkertaistanut painonsa.

Maantiedon kokeessa kysyttiin: Mitä tarkoittaa ryöstökalastus? Oppilas vastasi: Se on sitä, että vie kalat naapurin katiskasta.

Biologian opettaja oli innokas kalamies. Kerran talvella hän laski katiskan madesaaliin toivossa lähijärveen. Hakatessaan viikon päästä katiska-avantoa auki tuuralla sohi hän katiskanarun poikki. Paikalle sattunut kollega pahoitteli tilannetta, mutta biologi arveli, että kyllä se katiska sieltä pois saadaan ja lähti kotiinsa.
Palasi pian takaisin vetäen ahkiota perässään ja ahkiossa kellotti iso monihaarainen kattokruunu.
Katiska nousu äkkiä ylös, kun sitä tällaisella tehokkaalla välineellä naarattiin.

Torvelainen ja Rummukainen olivat naapuruksia. Torvelainen oli innokas kalamies.
"Sinä se Rummukainen et taida tietää näistä kalastusasioista yhtään mitään," sanoi Torvelainen kerran.
"Niin minäkö. Minä kuule tunnen kalastusasiat kuin omat taskuni," tuohtui Rummukainen ja jatkoi:
"Minä olen saanut satoja merilohia rautalankakatiskalla mökillä Närpiössä."

Pikku-Mikon iltarukous:
- Anna hyvä Jumala isille huomenna katiskasta paljon kaloja, ettei sen tarvitse aina valehdella.

"Äitienpäiväksi ostin vaimolleni kultaiset korvariipukset."
"Minä ostin katiskan."

Huutokaupanpitäjä: -" ja kolmas kerta, katiskat on myyty takarivissä istuvalle herralle, jonka suun edessä joku nainen pitää kättään".

Kesämökkiläinen tuskitteli, ettei katiskalla saa enää järvestä kaloja. Naapuri sanoi, että hän tietää semmoisen katiskan mallin, jolla varmasti saa kaloja.
- No kerropa minullekin, pyysi mökkiläinen.
- No kun seuraavan kerran menet saunaan emäntäsi kanssa, niin ota liidunpala mukaan ja piirrä lauteille emäntäsi takamuksen malli ja tee katiska sitten niiden mittojen mukaan. Jo alkaa tulla katiskalla kaloja, neuvoi naapuri.
- Ei se kuule ollutkaan hyvä se sinun katiskan mallisi. Ei pysy kalat siinä katiskassa, pääsevät nielusta karkuun, valitti isäntä naapurilleen.
- Malli on hyvä ja pyytävä. Nielun mitta on ilmeisesti liian väljä, mutta sille asialle minä taas en voi yhtään mitään.

Näsijärvessä oli kala katiskassa. Toinen kala ihmetteli:
- Mitä sinä siellä häkissä teet?
- Etkö sinä näe, että tämä on Mäkisen katiska. Tule sinäkin tänne ja tuo kaverisikin.
Sellainen maine oli Mäkisellä ja aina hän sai katiskalla kalaa.

Kerran sain kesämökkijärvestä niin suuren hauen katiskalla, että se ei sopinut katiskaan kuin istualleen.

Piisameita istutettiin Suomeen 1920-30 luvuilla ja aluksi ne olivat aluksi täysrauhoitettuja istutusjärvissä, koska piisami tuppautui mieluusti katiskaan ja hukkui sinne. Tästä aiheutui haittaa kalanpyytäjille, kun piisamijärvessä ei saanut pitää katiskoita.
Muutamana keväänä Kallella alkoi kuitenkin niin haluttaa tuoretta kalakeittoa, että hän kävi laittamassa salaa haukikatiskan rantaporeisiin. Lainkuuliaisena miehenä hän kuitenkin sitoi katiskaan tuohilevyn ja kirjoitti tuoheen ”Piisameilta pääsy kielletty”. Jostain syystä kielto ei kuitenkaan toiminut ja kalojen lisäksi katiskaan meni piisami.
Tapaus tuli sitten aikoinaan viranomaisten tietoon ja vallesmannin kuulustelussa Kalle puolustautui:
- Minkä minä sille voin, jos herrat eivät ole elukoitaan lukemaan opettaneet.

Tällainen omavaltaisuus, kuin toisen katiskan kokeminen, on erään kuulemani jutun mukaan saanut ikävän lopun, kun katiskan omistaja oli laittanut styroxlevystä tekemäänsä kohoon partakoneen teriä eripuolille kohoa niin, että ne juuri ja juuri pilkistivät sieltä esiin. No ikävät haavathan siitä kalavoro on saanut kämmeniinsä. Tänä päivänähän tällainen omaisuuden suojaaminen ei tule kysymykseenkään. Senhän kieltää nykyinen rikoslaki.

"Minkä ihmeen härvelin sinä olet ostanut."
"En minä tiedä, sain ostaa sen halavalla osuuskaupasta."
"Ai jaa, se on sitten varmaankin semmoinen epäkesko katiska".

Kuplavolkkari oli aikoinaan kalamiehen paras auto. Niin miksikö. Siksi, että keväällä kun auton kumimatot sulivat jäästä, oli jäiden lähtöön aikaa yksi viikko. Silloin oli aika laskea rantaporeisiin haukikatiskat.

Isä ja poika menivät kalalle. Poika sanoi:
- Katiska näkyy.
- Onko kaloja?
- Ei ole.
- Anna olla, se on naapurin katiska.
Soutelivat taas vähän matkaa ja tuli toinen katiska näkyviin.
- Onko kaloja katiskassa?
- On siellä ja paljon.
- Ota sitten ylös, se on meidän katiska.

Aamuvarhaisena toukokuun aamuna Kaaleppi meloskelee kalamatkallaan lahden poukamassa ja vastaan meloo toinen kalamies, joka ihmettelemään Kaalepin suurta kalamäärää veneessä. Tällöin Kaaleppi tokaisee, että "elähä mittää, omat katiskat ovat vielä kahtomata".
Eevertti oli mennyt aamulla kokemaan katiskaansa ja kun hän nosti sen veneeseensä, oli kuulemma ensin ihmetelly ja sitten purskahtannu nauruun... Eräs ystävänsä oli yön tunteina poikennu katiskalla ja laittanu sinne muutaman savusilakan. Muitakin kaloja oli seassa, joten voihan niitä pikku jekkuja tehdä kavereilleen, kunhan pysyy kohtuuden rajoissa!!

Erosen Lassella oli tapana pitää katiskaa Eräjärvessä. Mäkisen Reijo arveli, että mahtaako siellä olla kalojakaan. Johon Lasse tokaisi: "Voi veikkonen, tänäkin aamuna oli niin paljon kalaa, että piti oikeen sekottaa, että sai katiskan laskettua ja silti jäi kolme lahnaa alle."

Kalastaja Kustaa kuoli ja omaiset veivät paikalliseen lehteen lyhyen ilmoituksen "Kustaa Komi kuollut." Seuraavana päivänä soitettiin surutaloon ja kerrottiin, ettei lyhyt ilmoitus käynyt, minimi oli viisi sanaa. Jo samana iltana lehteen vietiin uusi ilmoitus. Tällä kertaa se kuului: "Kustaa Komi kuollut. Katiskoita myytävänä."

"No, Tane, jokos sää oot kokeillut sitä mun kehittämääni uutta katiskaa?"
"Juu, johan sitä tuli kokeiltua?" "Ookko ollu siihen tyytyväinen?"
"No juu. Eilenkin sen vieressä makas neljä jumalattoman isoa ahventa, jotka olivat nauraneet ittensä kuoliaaksi."

Pikkuhauki kysyi haukimammalta:
"Äiti, miten minä kasvaisin oikein suureksi haueksi?"
"Kun syöt kiltisti aamupuurosi, niin sinusta tulee oikein iso hauki."
Isähauki tuumasi:
"Minä tiedän nopeamman keinon. Kun uit tuohon kiven kupeella olevaan Eemelin katiskaan, niin seuraavana päivänä painosi on jo vähintään kymmenen kiloa."

Eräs isäntä oli havainnut katiskansa aina tyhjäksi ja epäili vieraitten ehtineen ne kokemaan. Kerran sitten voroilta oli jäänyt katiskan läppä sulkematta ja isäntä, Ville nimeltään, tuosta kimpaantuneena kirjoitti lapun katiskan merkkikohoon:

"Jos vaikka kalat viettekin, niin pankaa ainakin läppä kiinni." Seuraavan kerran katiskoilla käydessään huomasi Ville taas vieraiden ehtineen ensin ja jopa jättäneen oman viestinsä: "Jos et sinä Ville lakkaa vinoilemasta, niin viedään sulta koko katiska."

Kaaleppi oli sutkin kalamiehen maineessa, koki muiden katiskoitakin niin kuin omiaan. Olivat kerran pojan kanssa kalalla ja poika katsoi, kun Kaaleppi nosti katiskaa järvestä.
- Mahtaako olla meijän katiska?
- En tiiä katiskasta, mutta kalat ovat, tokaisi Kaaleppi ja kopisteli kalat katiskasta konttiinsa.

Isä ja poika menivät kalaan. Poika sanoi:
- Katiska näkyy.
- Onkos kaloja? isä kysyi.
- Ei ole.
- Anna olla, se on naapurin katiska.
He soutelivat vähän matkaa ja taas poika sanoi:
- Katiska näkyy.
- Onkos kaloja? isä kysyi.
- On siellä.
- Ota ylös, se on meidän katiska.

Isäntä otti veneensä ja lähti järvelle nostamaan katiskaa. Se oli aivan tyhjä, ja rannalle jääneet puliukot huutelivat:
- No tuliko isännälle kaloja?
- En minä kalassa ole, kävin vaan vaihtamassa veden katiskaan, jottei pääse ruostumaan!

Oltiin joskus muinaisaikoina kavereiden kanssa Kallavedellä kalalla ja vedettiin uistinta soutuveneen perässä ja juotiin olutta – niin kuin meillä niihin aikoihin tapana oli. Kalaa ei saatu, mutta humalluttiin ja humalassa ihmiselle tuppaa tulemaan omasta mielestään ideoita. Soudettiin siinä yhden saaren rannan tuntumassa ja nähtiin katiskan merkki, ja koska kalaa ei oltu saatu, päätettiin yhteistuumin tarkistaa jonkun toisen katiska. En muista oliko katiskassa kalaa, mutta meilläpä oli olutta ja me päätettiin laittaa katiskan omistajalle pieni yllätys. Sulloimme katiskaan viisi pulloa olutta ja laitoimme katiskan takaisin kalastamaan. On siinä varmasti ollut katiskan kokijalla mietittävää, että: "mitä helvettiä tämäkin nyt sitten tarkoittaa?"

Nuorempana pistettiin naapurin katiskaan kuolleena löydetty orava, mutta puettiin sille ensin joku Barbie sarjan sukellusvehkeet päälle. Olisipa siihen aikaan ollut kännykkä kamerat niin olisi saatu aika muikea kuva naapurista, kun meni katiskoita kokemaan. Oli meinaan äijällä aika epäuskoinen katse.

Kehukaloja

Kalamiehen rukous: Anna hyvä Jumala kerrankin niin paljon ja isoja kaloja, ettei aina tarvitse valehdella.

Anna Antti ahvenia, Pekka pieniä kaloja, Heikki hevosen kokoisia.

- Saitko kalaa?
- Tietysti sain. Mutta niin pienen, että piti hakea neljä kaveria heittämään se takaisin veteen.

Oli mies Tampereelta. Mies oli kauhea kalavalehtelija ja joka päivä sanoi: - Minäpä sain eilen metrin pituisen ahvenen ja 15-kiloisen matikan. Kyläläiset raivostuivat, koska he eivät jaksaneet kuulla, kun muka oli saanut niin isoja kaloja. Joten he sitoivat hänen kätensä yhteen (ranteista), jotta hän ei voisi enää näytellä moisia valheita.
Seuraavana päivänä mies tuli baariin ja sanoi: - Mää sain tänään niin ison kalan, jonka silmien väli oli (hän levitti sormensa) tämmöinen.
Kalastuslehden toimittaja soittaa Vilppulan kalasatamaan ja kyselee kalastuskuulumisia.
- Satamäärin metrisiä kuhia oli Paloselällä pinnassa aurinkoa ottamassa eilispäivänä, vastattiin satamasta.

Savolaisukko oli pilkillä Kallaveden jäällä.
- Montako kalaa olette saaneet, kyseli ohitse hiihtänyt kulkija.
- Jos tämän jäläkeen, joka nyt nykkii, tulloo vielä yks, niin sitten on kolomee vaille viis.

- Arvaa mitä minulle sattui eilisellä kalareissulla? - Noin puolet siitä mitä aioit kertoa.

Kaverini oli yksinään uistelemassa päivällä, ja illalla kun tavattiin, kertoi uistimeen tarttuneen ainakin 15 kg hauen, ja saaneensa sen veneen viereen saakka, ja siinä kala potkaisi itsensä irti uistimesta... jolloin minä ihmettelemään, että sentään sen ehdit punnita?

Eemeli kehui saaneensa edellisyönä Tenon Alakönkäältä perholla 12-kiloisen lohen.
- Ihanko 12-kiloisen lohen sait, ihmetteli kaveri epäuskoisena. Totta sulla löytyy todistajat sille kalalle?
- Totta kai, sanoi Eemeli. Muutenhan se olisi painanut nyt jo 20 kiloa.

Kontti-Kalle oli kalalla ja verkoista tuli täysi kontillinen kalaa. Seuraavana päivänä naapurin äijät kyselivät, että tulikos sitä kalaa?
- Ka, kontin täys.
Eivät oikein uskoneet, kun tunsivat miehen maineen, ja epäilivät:
- Eiköön pitäis ainakin puolet vähentää?
Silloin Kontti-Kalle alkoi valittaa:
- Elekee nyt hyvät miehet koko sualista viekö. Minulla on iso perhe, joka tarvihtoo sapuskoo.

Kalamies valokuvausliikkeessä:
- Suurennatteko kuvia luonnolliseen kokoon?
- Kyllä, se on erikoisalaamme.
- Hienoa. Minä olen kuvannut sinivalaan.

Sinä se sitten jaksat kehua sitä Kuusamossa olevaa kesämökkiäsi. Kait siinä on jotakin vikaakin?
- Niin onkin. Järvessä on niin paljon kaloja, että niitä täytyy hätistellä tieltä, jos haluaa ämpärillisen vettä saunaan.

Isäntä oli hakemassa kunnan uutta opettajatarta asemalta. Ajeltiin hiljalleen kylätietä, kunnes viehättävä opettajatar lausahti:
- Onpas tuolla komea maatalo ja suuri lehmikarja, kenenköhän ne ovat?
- Enpä ole paha kehumahan, mutta kyllä ne minun ovat, isäntä vastasi.
Matkaa jatkettiin ja tultiin puron ylittävälle sillalle, jossa oli pari pikkupoikaa ongella.
Isäntä kysäisi suopeasti:
- No, tuleekos pojille suuriakin kaloja?
- Juu, tuollaisia isännän mulkun kokoisia tulee!
Isäntä vilkaisi opettajatarta ja lausahti:
- Enpä ole paha kehumaan, mutta aika vonkaleita kuuluvat vetelevän!

Kehuskelkaa te vain kalajutuillanne, mutta kerran kun oltiin emännän kanssa Kuusamon Pyhäjärvellä kalassa, oli ahvenilla niin kova syönti, että meidän piti mennä puun taakse piiloon pujottamaan mato koukkuun.

Kuulin että eräässä järvessä asustaa iso hauki. Laitoin öljytankkerin ankkuriin lehmän syötiksi ja pulttasin ketjun pään isoon saareen kiinni. Nykäisi kumminkin niin kovaa, että ketju katkesi ja saari on vieläkin kallellaan.

-Kyllähän te pojat kerskailette muka isoilla kaloillanne, mutta olisittepa nähneet sen vonkaleen, jonka minä sain viime kesänä. Pelkästään sen valokuvakin painoi liki kymmenen kiloa.

Mies oli kova kehumaan kalajuttujaan. Kaverit olivat kuulleet hänen juttunsa jo niin moneen kertaan, että alkoivat kyllästyä. Kun hän jälleen kertoi, kuinka hän oli taistellut melkein tunnin saadakseen erään lohen esille, totesi eräs kavereista kuivasti:
- Olen samaa mieltä, nykyajan purkinavaajat ovat saamarin huonoja.

Kerran alkoi 10-heppainen Johnson perämoottori verkoille mennessä ryytyä, kierrokset katosivat. Kauhea hauki puri potkuria! Kumautin sitä airolla ja nostin paattiin. Kämpällä iskin hauen muuripataan ja ämpärillisen pottuja höysteeksi. Vartin päästä alkoi kuulua ihme rousketta, hauki oli vironnut, syönyt kaikki perunat padasta ja mulkoili vihaisesti meikäläistä. Kannoin koko roskan laiturin päähän ja lemppasin järveen - kahden vuoden päästä kuulin, että järven selällä oli nähty porskivan jumalaton hauki iso kypärä päässä!

Oliko siellä Ollilanjärvellä Kuusamossa mistä olit vuokrannut mökin, niin minkäänlaisia mahdollisuuksia kalastukseen?
- Kyllähän siellä kaloja oli, mutta ei mahdollisuutta niiden pyytämiseen.
- Miten niin?
- No kun siinä järvessä oli ihan mahdottomasti isoja rasvaisia siikoja niin sakeassa, että ei millään pystynyt tekemään niiden väliin edes sen verran rakoa, että olisi voinut laskea siikaverkon siihen.

Keksintöjä kalastukseen

Mitä tarvitaan hyvän siikaverkon valmistamiseen?
- Ohutta 0,12 monofiilisiimaa ja runsaasti ensiluokkaisia reikiä.

Naisen logiikkaa haukivaapun värin valintaan: Uimaan ei voi mennä, jos on punaiseksi lakatut varpaankynnet, koska silloin hauki luulee ongensyötiksi ja nappaa. – Kirsi 30 v. HS NYT:issä 30.9.2002.

Vanha kalaveneen pelastusrenkaan teko-ohje: Iso toistametrinen ankerias nyljetään tuppeen. Nahka käännetään oikein päin ja sisälle tungetaan korkkimurusia (nyk. styroxmuruja). Neulotaan pikilangalla päät yhteen.

Niittaa nahkiaisen pää ja pyrstö nitojalla yhteen, niin saat tuulettimen remmin autoosi.

Miksi Eriksonin puhelin on hyvä kalastusväline?
- Se etsii koko ajan verkkoa.

Miksi Eriksonin uudempi Wap puhelin on huonompi kuin edellinen malli?
- Niistä ei saa enää verkonpainoja, koska ne ovat niin keveitä, mutta painavat kuitenkin sen verran, ettei niistä ole kohoiksikaan.

Niksivinkki: Poraa cd-levyn vastakkaisiin reunoihin reiät, kiinnitä toiseen reikään iso 3-haarakoukku ja toiseen reikään kiinnitä pitkä metalliperuke. Kädessäsi on varmasti viehe, jollaista et sinä etkä yksikään hauki ole ikinä nähnyt.

Perhokalastajat sitovat perhoja joskus omalaatuisista ja erikoisista aineksista. Horttanainen esitteli perhorasiansa aarteita:
- Katoppa tässä, tämä on Kalkkisten tumma, tuossa on Juutuan yö ja tuo tuossa, se on Irmelin punertava.
- Enpä ole kuullutkaan semmoisesta perhosta, onko se joku klassinen lohiperho?
- No tunnethan sinä sen Tiusasen Irmelin, sen punatukkaisen. Perhon siipikarvojen pitää olla eläväisiä ja pikkuisen kiharia. Totta sinä tiedät, mistä kohtaa ne karvat pitää tähän perhoon poimia.

Perhokalastaja Kutramoinen oli voittanut arpajaisista kahden hengen Pariisin matkan ja matkalle lähdettiin armaan vaimon kanssa. Matkalla käytiin Eiffelin tornin ja muiden pakollisten nähtävyyksien lisäksi myös Punaisessa Myllyssä eli Moulin Rouge kabareessä, jossa upeat pitkäsäärisen kaunottaret esiintyvät varsin kepeissä asusteissa.
Oli menossa esitys, jossa esiintyjien verhona oli vain pitkiä strutsin sulkia. Höyhenet pölisivät ja Kutramoinen katseli silmät kiiluen esitystä.
Vieressä istuva vaimo pani merkille Kutramoisen kiinnostuksen ja kysyi, että mitäpä mietit.
- Katselen vain, että onpa upeita perhonsidontatarvikkeita, vastasi Kutramoinen.
Ei kysellyt vaimo enempää.

Pieniä ovat silakat joulukaloiksi. Nuukat turkulaiset ottavat hyödyn irti pienemmistäkin:
He antavat silakoita joululahjana kirjanmerkiksi.

Niksivinkki: Solmi silakan tai kilohailin pyrstöön naru ja sen päähän hakaneula, niin saat siitä kätevän heijastimen.

Vanajaveden ammattikalastajalta Pentti Linkolalta kysyttiin kerran jossakin lehtihaastattelussa, että mitä on hänen mielestään ihmiskunnan suurin keksintö sadan vuoden ajalta.
- Kumisaapas, vastasi kalastaja Linkola.

Laihialaiset ovat viimeinkin keksineet, mitä tehdä tähän saakka hukkaan menneille lehmän hännille. Niistä on ryhdytty valmistamaan makuupusseja nahkiaisille.

Eriksonin kännykkä on monikäyttöinen. Siitä saa oivan turskapilkin Jäämerelle lisäämällä vain koukun, sillä turska on niin tyhmä kala, että se syö mitä tahansa.

Perhonsidontaan hurahtanut saattaa puutteessa joutua turvautumaan jopa lehtien yleisiin ilmoitusosastoihin. Seuraava ilmoitus on kuulemma nähty Helsingin Sanomissa ja kertoo totisesta tarpeesta:
"Tarvitaan pitkäkarvainen nainen perhonsidontaa varten. Punakarvaisuudesta etu, mutta kyllä se muihinkin väreihin nappaa. Yst. vast. t.l.k.nimim. Haukiperho".

Laihialaisia

Kaksi laihialaista onkijaa löi keskenään vetoa. Se, joka saisi ensimmäisen kalan, tarjoaisi toiselle illallisen. Onkimista kesti kovin pitkään, eikä kumpikaan saanut mitään. Vihdoin toinen sai pienen ahvenen ja puhkesi äänekkääseen sadatteluun:
- Voi hiton hitto, eikä minulla ollut edes syöttiä koukussani!
- Olikos sulla koukku? ihmetteli toinen

Keittäisiskös se emäntä jonakin päivänä kalakeittoa, kyseli renki laihialaistalon emännältä.
- Keittäisihän sitä hyvinkin, vaan kun ei ole kaloja tähän aikaan talvesta, vastasi emäntä.
- Kyllä se vain emännältä onnistuu. Keittäähän emäntä lihakeittokin, vaikkei ole lihoja keitossa, valisti renki lusikoidessaan laihaa lientä lautaseltaan.

Laihialainen kalakeitto: lautaselle laitetaan vettä sellaisesta järvestä, jossa kalat ovat uineet. Vaihtoehto: otetaan vesi merestä. Tulee silakkakeittoon suolakin samalla kertaa.

Millainen on laihialainen madekeitto?
- Kuumaa vettä lautaselta, jonka pohjassa lukee made in ...

Laihianjoessa nähtiin kerran kauhean suuri hauki, joka uidessaan jätti kuohuvan vanan, ns. kalavanan. Tätä pitkin koettivat laihialaiset kalamiehet saada haukea kiinni vielä viikko näköhavainnon jälkeenkin. Kun kala oli nähty, keittivät akat viivavedestä haukisoppaa monta päivää.

Muunnos laihialaisesta kalakeitosta: Lautaselle laitetaan vettä ja sinne elävä pikkukala.

Laihianjoen pohjaa ruopattiin. Naapuripitäjän miehiä käveli sillalla ja katselivat touhua, kun paikalla möyri monta kaivinkonetta ja työmiehiä vilisi paikalla kuin Vilkkilässä kissoja.
- Onpahan tainnu joltakin laihialaiselta ongenkoukku pudota jokeen, kun noin miehissä kattelevat.

Kaksi laihialaismiestä tapasi toisensa kadulla, jolloin toinen kysäisee:
- Sääkös sen mun poikani eilen sieltä avannosta pilkkiretkellä pelastit?
- Joooo määää.
- No missäs sen pipo on?

Milloin laihialaiset syövät kalakeittoa?
- Silloin kun on vaihdettu vesi akvaarioon.

Laihialaisravintolan tarjoilija katselee asiakasta, joka innokkaasti yrittää lusikoida kalakeittoa lautaseltaan. Kun asiakas on saanut viimeiset keiton rippeet lusikkaan, kysyy tarjoilija kohteliaasti:
- Haluaisitteko vielä ehkä palan imupaperia?

Laihialainen lämpömittari on sellainen, että yksi elohopeasilakka pannaan roikkumaan ikkunan ulkopuolelle. Pakkasessa elohopea laskee alaspäin, ja jos kalan silmät ovat sameat, on pakkasta. Jos silmät ovat vähemmän sameat, on lauhempaa. Jos mittari haisee, on helle.

Asiakas laihialaisessa ravintolassa:
- Tarjoilija, tehän olette tuoneet minulla ainoastaan kostean, kalalta haisevan lautasen.
- Hyvä herra, ei se ole kostea. Siinähän on teidän alkuruoaksi tilaamanne ahvenkeitto. Meillä täällä Laihialla ovat annokset vain hieman pienemmän kokoisia kuin Helsingissä.

Laihialainen löysi akkansa hukkuneena joesta ja ruumis oli täynnä nahkiaisia. Mies poimi nahkiaiset koriin, upotti ruumiin uudestaan jokeen pyytämään ja läksi torille myymään nahkiaisia.

Vasta naimisiin mennyt laihialainen kehui säästäväistä vaimoaan:
- On siinä sitten säästäväinen ja nuuka vaimo. Kun esimerkiksi vaihdamme veden akvaarioon, on meillä kalasoppaa koko seuraavan viikon.

Laihialainen kertoili toiselle kalamiehelle:
- Vaikka olisi ulkona kuinka hyvänsä paljon pakkasta, niin karvalakkia en pidä korvilla sen onnettomuuden jälkeen.
- No mikä onnettomuus sinulle sitten on sattunut?
- Olin eilen pilkillä ja Mäkelän paappa kysyy minulta että otatko ryypyn. Mutta kun minulla oli karvalakki korvilla, oikein kylmä talvi niin en kuullut mitään ja niin jäin ryypyttä.

Lajijuttuja

Kitkajärven muikku eli Kitkan viisas elelee Kuusamon ja Posion vesissä. Lempinimensä se on saanut siitä, että vaikka sillä olisi mahdollisuus ilman viisumia ja proopuskoita uida Kitkajokea pitkin Venäjän puolelle, niin se ei lähde tällaiselle ulkomaanmatkalle.
Marraskuussa oli Kitkalla aivan kauhea myrsky, tuulta pitkästi toistakymmentä metriä sekunnissa ja lämpötila nollassa. Määttä kertoi kirkolla, että olipa siellä Kitkalla pottukalat helposti saatavilla myrskyn jälkeen. Olivat muikut alijäähtyneessä vedessä kohmettuneet ja niitä oli rantavesi puuronaan. Siitä parissa minuutissa keräsin sankollisen muikkuja.

Muuan kuusamolainen isäntä kertoi Verkko-Veikon kalaparlamentissa saaneensa niin ison siian Ihtingistä, että sen suomuilla saattoi pelata Kiuta-Baarissa 20-pennin pajatsoa.
Meidän järvi on niin matala, että siellä lahnatkin uivat kyljellään.

Kainuun kalavesiltä kerrotaan, että isoja haukia ja kuhia on täällä valtavasti. Kuhmon Iivantiirassa isännät sanovat, että kuhia on niin paljon, että häiritsevät jo metson soidinta.

Kaksi kaverusta oli ahvenia narraamassa. Toinen heitti Mepsin vilkun vahingossa lumpeikkoon ja niinhän se tarttui kiinni.
Kaveri katseli naureskellen ja kyseli:
- Onko tulossa oikea jättiläisahven, kun vapa noin on kaarella?
- No ei ainakaan vielä. Minun on kuitenkin ensin kalastettava kukka sen haudalle.

Kummin kaiman lanko sai pilkillä Lohjan Hormajärvestä niin ison kiisken, että paikallisbussissa kalalle piti ostaa lastenlippu.

Horttanainen sai pitkäsiimasta ison ankeriaan ja roikotti otusta riemusaatossa kotia kohti.
- Miten sinä erotat ankeriaan etupään takapäästä, kysyi naapuri.
- Yleensä puukolla.

- Ostaisin puoli metriä savustettua ankeriasta.
- Sitä ei myydä metreissä vaan kiloissa.
- No, laitetaan sitten koko kilometri.

- Miten erotat ankeriaan etupään takapäästä?
- Perkauspuukolla.

Biologian tunnilla:
- Luettele kotimaisia käärmeitä.
- Ankerias.

Naarassärki saapui tunnin myöhässä treffeille.
- Missä ihmeessä sinä olet viivytellyt, kysyi herrasärki närkästyneenä.
- Näinpähän vain yhden ongenkoukun ja jäin suustani kiinni.

Särki ja lahna tapasivat toisensa Helsingin Kolera-altaalla. Toisella oli messinginvärinen ongenkoukku alahuulessa.
- No oletpa sinä nyt hienona, ihan on sinulla uusi lävistys alahuulessa.

Kemijärvellä aloitettiin vähempiarvoisen kalan poistopyyntioperaatio ja järveen laitettiin katiskoita pilvin pimein. Hoitokalastusta suorittamaan palkattiin työvoimatoimiston tuella kalastajia.
Ensimmäisen kerran katiskoita ryhdyttiin kokemaan kolmen päivän päästä ja kalaa tuli saavitolkulla.
Sitten kun kalasaaveja lähdettiin kuljettamaan veneellä rantaan niin särkien ja ahventen seasta yhdestä saavista nousi kammottava otus kuin iso käärme. Se luikerteli veneen lattialle ja määrätietoisesti liikkui kohta veneen kokkaa ja siitä vauhdilla hyppäsi veteen kolmen metrin ilmalennolla kuin Matti Nykänen konsanaan parhaimpina päivinään.
Kalastajat rannassa ihmettelemään, että mikähän piru se oli. Selvisi, että puolitoistametrinen ankerias, väriltään jo kellanvihreä oli uinut katiskaan jahalusi edelleen pysyäkin Kemijärvessä.

Kemijärvessä esiintyy kuhaa ja se on yksi Suomen pohjoisimpia kuhavesiä. Kuhakannan rakennetta alettiin selvittää ja kalatalouskonsulentti palkkasi työvoimatoimiston kautta koekalastajia järvelle koeverkkokalastuksia suorittamaan.
Tehtiin lähtöä kokemaan ensimmäisen kerran koeverkkoja. Ei oikein tullut lähdöstä mitään. Konsulentti kysymään, että mistä nyt kiikastaa.
-No kun me ei olla koskaan nähty kuhia, niin minkälainen kala se on, että osataan koepyytää niitä.

Mikä on kosteuden huippu?
- Laittaa kotinsa kellariin hiirenloukun ja saa siitä saaliikseen nahkiaisen

Inarin mies oli lähtenyt kalaoppia saamaan valtion kalakouluun Paraisille. Kaikki muut kalat paitsi kotijärven siika, reeska, muikku, taimen, rautu ja harri olivat outoja.
Lajintuntemuskokeessa oli 10 kalalajia tunnistettavana.
Vastaukset:
Siika, taimen, rautu, harri, oon kyllä nähnyt mutta ei tuu nyt mieleen, oon kyllä nähnyt mutta ei tuu nyt mieleen, oon kyllä nähnyt mutta ei tuu nyt mieleen, oon kyllä nähnyt mutta ei tuu nyt mieleen, oon kyllä nähnyt mutta ei tuu nyt mieleen, oon kyllä nähnyt mutta ei tuu nyt mieleen.
Eipä hyväksynyt opettaja vaan uusinnaksi meni tentti.

Isä oli saanut katiskalla ankeriaan. Pikkupoika kertoi asiasta mummolleen:
- Sillä oli suu kuin meidän äitin vittu. Hampaaton ja limainen.

Oli kauan sitten kaksi veljestä, joista toinen asui jenkeissä. Suomessa oleva Rauno-veli meni pitkästä aikaa tapaamaan heidän mummoaan, joka asui maaseudulla erään joen varressa. Raunon tultua mummon mökille ei mummoa näkynyt missään. Hetken etsiskelyn jälkeen mummo löytyi hukkuneena joesta ja ruumis oli aivan täynnä nahkiaisia!
Rauno lähetti postista sähkösanoman veljelleen Jenkkilään:
mummo löytynyt hukkuneena joesta. stop
ruumis aivan täynnä nahkiaisia. stop
mitä tehdään? stop
Vastaus tuli jonkun ajan kuluttua:
nahkiaiset heti myyntiin. stop
mummo heti takaisin pyyntiin. stop

.Mitä eroa on nahkiaisella ja asianajajalla?
- Kummatkin ovat raadonsyöjiä, mutta nahkiainen pystyy olemaan pitempään pinnan alla.

Sain minä kerran ison särjen ongella Posionjärvestä. Se oli aivan mahdottoman iso se särki ja kun sitä perkasin, niin sillä oli niin iso uimarakko, että siitä tehtiin verkkoveneeseen purje ja lopuista vielä kauluspaita.

Isähauki oli uiskentelemassa rantavedessä ja vastaan tuli kiiski.
Kiiski kysyi: "Mikä sinä olet?"
Hauki vastasi: "Olen lahna" ja söi lähemmäs tulleen kiisken.
Sitten tuli vastaan ahven.
Ahven kysyi: "Mikä sinä olet?"
Hauki vastasi: "Olen made" ja söi lähemmäs tulleen ahvenen.
Vielä vastaan tuli särki.
Särki kysyi: "Mikä sinä olet?"
Hauki vastasi: "Olen silakka" ja söi lähemmäs tulleen särjen.
Näin jatkui koko pitkän päivän.
Hauen palattua kotiin iltamyöhällä odotti siellä hieman jo kipakalla tuulella oleva äitihauki. Tämä tiedusteli (kolmannen asteen tyyliin): "Missä sinä olet luuhannut koko päivän?"
Isähauki vastasi virne suupielessään:
"Olin kaloja narraamassa"

Lohijuttuja Tenolta

Lohi on hyvä kala ruokapöydässä, mutta yksi piru kalastusneuvottelupöydässä. Veikko Guttorm, Utsjoki Teno.

Amerikkalainen aikakauslehti Valitut Kalat teki juttua Tenolta. Otsikoksi muotoutui viikon aineiston keruun jälkeen: Hiljaa virtaa lantrinki.

Eduskunnan naisverkosto oli kesäisellä kalaretkellä Tenolla. Opas virkkoi: - Jo vain, jos arvon rouvat ovat hetken hiljaa, niin voimme kuulla Yläkönkään kohinan.

Iäkäs vuorineuvos oli Tenolla lohta pyytämässä. Neuvoksella oli maailman kalleimmat perhot, mutta kalaa ei tullut. Kolmannen päivän iltana vuorineuvoksen hermot pettivät. Kaivoi lompakkonsa esiin ja heitti nipun sadan euron seteleitä veteen ja pauhasi:
- Helvetin lohet, käykää noilla rahoilla ostamassa itsellenne jotain mistä pidätte.

Kalastusleirillä Tenolla:
- Nyt kun olemme saaneet houkuteltua kaikki sääsket tänne telttaan, niin voimmekin itse mennä ulos nukkumaan.

Kaksi kokenutta kalamiestä jutteli kapakassa keskenään ja kalajutuista ei meinannut tulla loppua millään. Lopulta toinen kysyi, mikä oli ollut toisen elämän paras kalareissu. Hetken mietittyään toinen vastasi:
- Kyllä se varmaan oli se, kun Tenolla rantapusikossa sain oikein kunnolla panna muijan siskoa.

Kultaa huuhdon, sanoi Guttormin Aslakka kun vaimoaan Tenoon hukutti.

Kaksi miestä oli Tenolla kalassa. Toinen sai jättisuuren lohen, mutta heitti sen takaisin jokeen.
- Miksi teit tuon? ihmetteli toinen.
- Ei minulla ole varaa syödä lohta.

Pienenpieni Tenon lohi kysyi mahtavalta ja suurelta isä kojamoltaan joen kuohuissa:
"Isä, milloin minusta tulee yhtä suuri ja mahtava kuin sinusta?"
Isä vastasi: "Ota poika etelänmiehen uistimeen ja viimeistään Oulun korkeudella olet kasvanut vähintään 15 kiloiseksi vonkaleeksi."

Isäntä, mitä te teette täällä Tenolla kesäisin?
- No me kalastellaan lohta ja naidaan.
No mitä te sitten teette täällä talvisin?
- No silloin me ei kyllä kalasteta.

Mies oli ollut lohia onkimassa Tenolla. Saalis oli niin hyvä, että mies tarjosi lohipäivälliset muutamille ystävilleen. Päivällisten jälkeen hän innostui kertomaan, miten suuria lohia hän oli saanut. Käsimitoista päätellen niiden pituus oli noin puolitoista metriä. Miehen vaimo puuttui tällöin puheeseen näyttäen käsillään mittoja, jotka olivat noin kolmannes miehen esittämistä. Kun mies tämän huomasi, hän sanoi:
- Älä eukko puutu tähän. Isot lohet on paljon helpompi fileerata.

- Kasvavatko kalat nopeasti?
- Ainakin lohi. Niemisen lohi nimittäin painaa aina puoli kiloa enemmän joka kerta, kun Nieminen puhuu siitä.

Saitko lohta Tenosta?
- Totta kai. Mutta se oli niin pieni, että minun piti hakea neljä lappalaista heittämään kala takaisin veteen.

Hännisen pariskunta oli ollut lohestamassa Tenolla, eikä mitenkään huonolla menestyksellä. Pieniin mustiin perhoihin otti viikon aikana kolme hienoa lohta, 7, 12 ja 16 kiloiset. Kotona Kajaanissa oli Hänninen kuitenkin kuin myrkkyputken niellyt. Kalakaverit kyselevät ihmeissään, että mikä on vikana, lohiakin sait Tenolla ja isoja.
- No tulihan niitä lohia. Pyysin vaimoa suolaamaan fileet ja niin se tekikin. Oli kuitenkin sekoittanut suolapussin ja pyykkipulveripussin.
- Ei oikein maistu Omolla suolatut lohet.

Lyhyet erikoiset

Jos syö yhdeksän tönkkösuolattua neulamuikkua juhannusaattoiltana, niin yöllä janottaa ihan helevetisti.

Jos juhannusyönä nousee kalaveneessä kuselle, voi nähdä tulevan leskensä vastarannalla.

Ei ole häpeä, ettei tiedä kalastuksesta mitään, vaan se, ettei halua oppia mitään kalastuksesta.

En laske kirjolohta kalaksi, vaan teolliseksi tuotteeksi.

Haukiseuran tiedotteesta: jättihauki on usein ankka.

Kala näykki eväänsä, kalastaja eväänsä.

Toivossa on hyvä elää, sanoi lapamato.

Joukossa on hyvä elää, sanoi lapamato.

Rauhassa on hyvä elää, sanoi lapamato.

Uskossa on hyvä kuolla, sanoi lapamato.

Solmu on siimasotkusta käytetty hienompi nimitys.

Kala hengittää kiduksillaan, mutta kuorsaaja kiduttaa hengityksellään.

Jalokalat uivat vastavirtaan - mutta eivät koko ajan.

Ainoastaan elävät kalat uivat vastavirtaan.

Mitä tarkoittaa E.V.V.K.? Ei Voi Vessassa Kalastaa.

Hyvät onkimadot ovat nykyään kiven alla.

Sentti nenässä, tuuma mulkussa ja jalka vavassa näkyy ja tuntuu. Viisauksia Näätämöstä.

Hyvä kalaonni, sanoi hauki, kun katiskasta karkasi.

Pitikö se katiska särkeä, isä kysyi pojaltaan.

Lappilaisen kalastajan suosikkijuoma on Cota-Cola (Lapin Kulta olut).

Ammattikalastajan suosikkikoirarotu: jodlaava tirolilainen matikkakoira.

Perhokalastajan suosikkikoirarotu: Saksan taimenkoira.

Venäläisen kalastajan vähiten toivoma koirarotu: Siperian noutaja.

Kaupungin palkkalistoilla oleva kalastaja käytti virkavapaansa.

Karvainen tuikki, sanoi perhomies, kun näki saukon sukeltavan.

Perverssi kalastaja kävi vetämässä uistinta.

Harva olo kuin lahnaverkolla.

Lähtee niin kuin hauki rannasta.

Makaa kuin härski silli.

Hemmetin nopea kairata, kun jää on näin ohutta...

Syömäni ahven vahvisti aivojeni toimintaa ja särki sydämeni.

Lohiamme on täynnä lohiamme.

Kalastaja alkoi kuhista.

Kalat alkoivat kuhista.

Kalaoppilaitos etsii matikanopettajaa.

Saan rysään lahnan tai menen ja särjen sen.

Kävin kalassa, sanoi Joona.

Moni kalareissu päättyy turhin haavein.

Madejuttuja

Kuusamon Polojärvellä on isoja kaloja. Jooseppi kertoi kerran, että velipojan kanssa saivat Polojärvestä syöttikoukulla niin ison mateen, että kun sen maksa keitettiin, niin viiteen mieheen ei jaksettu sitä kerralla syödä, vaikka hikipäässä yritettiin.
- No oottepa saaneet ison matikan ihmetteli naapurin ukko. Mutta minäpä sain viime talvena rysästä vielä suuremman matikan. Kun sen nahka nyljettiin, niin kaksitoista miestä mahtui nahan päälle makaamaan.

Harrastelijakalastajan onnistui saada hyvä saalis mateita, ja hän meni myymään niitä kauppiaalle. Kauppaa tehdessä kalastaja nosti ison mateen, näytti sitä ja sanoi:
- Made in Saimaa.

Mistä erottaa poliitikon ja matikan toisistaan?
- Molemmat ovat yhtä liukkaita ja niljakkaita, mutta matikasta saa keitettyä hyvän keiton.

Savolaisen käsityksen mukaan ”nyljetty made on ruma kuin alaston pankinjohtaja”.

Kilpisjärvellä pidetään vuosittain suuret pilkkikilpailut, mukana on tuhansia osanottajia. Tavallisimmin kaloja ei saada ollenkaan, vaan arvokkaat palkinnot arvotaan osanottotodistuksen ostaneiden kesken.
Viime vuonna kisoissa saatiin sentään kalaa: voittaja sai arvokkaan moottorikelkan 85 grammaa painaneella mateella. Toisen palkinnon sai pari grammaa pienemmän mateen pilkkinyt kalastaja.

Vanhempi konstaapeli Mikko Salokannel kertoo lehdistötiedotteessaan varsinaisen kalajutun Kuusamosta. "Etelä-Suomesta kotoisin oleva varttuneempi herrasmies oli aamukalalla Kitkalla, virveliin tarttui viiden kilon hauki, joten joutihan siitä lähteä takaisin järveltä mökille. Mies oli matalassa lahdenpohjukassa ja veneen ankkuria irrottaessa ankkuri ei irronnutkaan suosiolla järven pohjasta, jolloin mies alkoi katsella mikä siellä pidättelee.
Pohjassa kiilteli metallinen esine, jonka perusteella mies arveli kyseessä olevan pommin, jonka seurauksena soitti hätäkeskukseen, joka ohjasi asian Kuusamon poliisille.
Aamukahvia poliisikonttorilla juodessa tuli käytyä jatkosota ja perimätieto läpi ja sillä perusteella päädyttiin siihen, ettei alueelta pitäisi ainakaan sodanaikaisia pommeja löytyä.
Oli kuitenkin mukavan leppoisa aamu ja mieli, joten poliisipartio varustautui veneilytarvikkeilla naaraa myöten ja sitten matkaan.
Naaraus onnistui loistavasti, ensimmäisellä otolla esine nousi veneen kyytiin, oli Harvian sähkökiuas, äkkivilkaisulla neljän kilowatin. Tämä ei ollut uutinen vaan se, että kiukaan vastuksien välistä pullahti veneen pohjalle matikka. Harvoinpa sitä sähkökiukaalla matikkaa."

Oltiin pilkillä Länsi-Lapissa ja myös jokunen madekoukku oli joessa pyynnissä. Pikkumadetta tuli kivasti. Lähtiessä jätettiin koukut pyyntiin paikalliselle Aslakille, joka oli meidän kamu. Ennen lähtöä tuunattiin pikkumateita ensimmäisiin koukkuihin 2 per koukku. Oli ukko ollut ihmeissään, että miten on voinut kolmeen perättäiseen yksihaaraiseen madekoukkuun tarttua kaksi madetta kuhunkin!

Suomalainen ja norjalainen olivat kalassa Kilpisjärvellä. Aikansa kalastettuaan suomalainen sai saaliikseen puolikiloisen matikan. Ranta sattui olemaan todella kivinen ja liukas, eikä sattunut kassia mukaan, joten suomalainen tunki matikan housuihin. Norjalainen rupesi ihmettelemään, kun äijä tunkee kalansa housuihin.
No vähän ajan päästä suomalaiselle tuli kauhea kusihätä ja lähti ison kiven taakse kuselle. Norjalainen kiinnostui tästä kalahommasta sen verran, että ajatteli mennä katsomaan, että mitä se suomalainen nyt keksii. Nähtyään suomalaisen norjalainen kuuli sanat:
- Kyl mä muistan että "se" oli pitkä ja paksu mutta en mä oo noita silmiä sillä ennen nähäny.

Hotelli Kuusamon naistentansseissa erästä miestä käytiin pyytämässä jatkuvasti tanssimaan, vaikka hän vaatetuksesta päätellen oli tullut Hotkuun suoraan kalareissulta. Pöytäkaveri tiedusteli, vähän kateellisenakin:
- Miten sulla on noin hyvä flaksi? Ihanhan tässä tulee kateelliseksi.
- Älä ole kateellinen. Kyllä multa flaksi loppuu, kunhan matikka taskussani kuolee.

Oulujärvessä sijaitsevassa Manamansalon saaressa syntyi joskus 1930-luvulla niin paljon kaksosia, että asia alkoi kiinnostaa korkeita lääkintäviranomaisia Helsingissä. Asia ryhdyttiin tutkimaan ja viimein pitkällisten seulontojen jälkeen löytyi yksi yhteinen piirre:
Kaikki kaksosten vanhemmat käyttivät ehkäisymenetelmänään erään ammattikalastajan sopivan kokoisista tuppeen nyljetyistä matikan nahkoista parkitsemalla tekemiä kondomeita. Ne olivat

ohuita ja taipuisia. Kalastaja ei kuitenkaan osannut kunnolla tukkia matikannahkoissa olevia silmänreikiä.

Kaaleppi oli könyämässä pilkille Oulujärvellä, mutta putosi jäihin jo rantavesissä. Avannon reunat olivat liukkaat eikä Kaaleppi päässyt ylös. Ei auttanut muuta kuin huutaa apua ja avunhuudot kuultiinkin kylällä. Miehiä juoksi jäälle ja Kaaleppi saatiin ylös. Jäälle kömpiessään lipsahti Kaalepilta:
- Onneksi sattui oman matikkakatiskan kohdalla.

Anopin matikka, sanoi Komulainen kun talviverkkoavannolla päästeli kuollutta, pehmeäksi mennyttä kalaa verkosta.

Matojuttuja

Mikä eläin pystyy saalistamaan kokoonsa nähden suurimman mahdollisen saaliin?
- Onkimato.

Maaseutumatkailuyritys Iloranta Hämeessä on suosittu venäläisten kalastusmatkailijoiden vierailupaikka. He tykkäävät onkia lahnoja, särkiä ja kaikkia kaloja.
Oli taas onkireissu alkamassa, mutta matoja ei löytynyt kuivan kauden jälkeen mistään, ei vaikka kuinka kaiveli lapiolta varmoja paikkoja.
Silloin alkoi Juri Ivanovits näpytellä kännykkäänsä ja soitti kohtalaisen pitkän puhelun.
- Minnepä soitit, kysyi kalastusopas.
- Moskovaan soitin, soitin sihteerille. Tilasin yksityissuihkukoneella jokusen purkin kastematoja, että päästään ongelle.
Neljän tunnin päästä matopurkit saapuivat suihkukoneella Pirkkalan lentokentälle ja sieltä edelleen taksilla Ilorantaan.

Kunnanlääkäri ja opettaja olivat ongella. Tohtorilta loppuivat madot ja hän kysyi.
-Onko maisterilla matoja?
-Enpä ole huomannut, mutta voihan tohtori tutkia.

Tiedätkö, mitkä kolme tahoa voivat käyttää itsestään nimitystä me?
- No enpä nyt tiedä.
- Ruotsin kuningatar, raskaana oleva nainen ja mies, jolla on lapamato.

Horttanaisella oli jo pitkään ollut ankaria mahavaivoja ja viimein oli pakko mennä lääkärille. Aikansa tutkittuaan tohtori Syyni totesi, että sinullahan on matoja. Sisuskaluissasi jyllää aikamoinen lapamato.
- Mutta sehän on hyvä uutinen, ilahtui Horttanainen.
- Mitä hauskaa siinä on, kummasteli lääkäri.
- Mutta on se tosiaan hauskaa, kun saan kotona näyttää tohtorin diagnoosin eukolle ja anopille. Ne kun ovat jo vuosia motkottaneet, että minulla ei ole mitään sisäistä elämää. Nyt ne kiusanhenget saavat kyllä perua puheensa.

Sergei oli saapunut tapansa mukaan yksityissuihkukoneellaan Rissalan lentoasemalle ja sieltä edelleen taksilla JP-Kalamatkoihin kalalle. Oli tarkoitus lähteä JP:n kanssa lahnaongelle Kallaveden Sotkanselälle koko viikonlopuksi, niin kuin monesti ennenkin, pari kolme kertaa kesässä.
Nyt oli Suomessa ja Savossa ollut seitsemän viikon hellekausi ja maat kuivina että pölysi vain, kun matoja yritettiin kaivaa lapiolla navetan takaa.
Nyt kaivoi Sergei kännykän taskusta ja soitti pari puhelua. Tunnin päästä saapui kuorma-auto paikalle ja sen lavalla oli Kubota-merkkinen kaivinkone. Kone ajettiin ramppia myöten alas ja JP hyppäsi puikkoihin. Kolmesta metristä oli alkanut löytyä matoja ja herrat pääsivät lahnaongelle.
Kaivinkone on vieläkin JP:n navetan takana, jos sitä vielä tarvittaisiin matojen kaiveluun.

- Näissä Pohjois-Suomen joissa on niin paljon lohia, että mato-ongella kalastaminen on vaarallista. Mato on viisainta pujottaa koukkuun piilossa jonkin ison kiven tai pensaan takana.

Sataa vettä kaatamalla, on oikea matosade, joka pakottaa kastemadot ylös koloistaan. Puistossa kulkee Nokian kumisaappaisiin ja sadekamppeisiin pukeutunut mies kumarassa ja tuijottaa taskulampun valokeilaan.
- Mitäpä etsit, kyselee ohikulkija.
- Kastematoja, vastaa mies.
- Oletko varma, että kadotit ne juuri tuohon kohtaan, kysyy ohikulkija.

Mies oli pilkillä eikä saanut kalan kalaa. Viereinen mies veti kalaa jäälle aivan solkenaan. Mies tympääntyi ja päätti lähteä pois, kävipä kuitenkin kysymässä, miten kaveri sai niin hyvin kalaa.
- Mmffaaddoofftt biddööäöää biddöäää flläämmndbinää.
- Mitä?
- Mfadoott bidöö bidöö flläämbidädä.
- Täh?
Kaveri sylkäisi pari kertaa kuppiin ja sanoi:
- Madot pitää pitää lämpimänä!

Horttanainen oli turistioppaana ja kalastusoppaanakin tarvittaessa Lapissa ja valistaa turistia:

Miten saa helpoimmin pyydystettyä ahvenen?
- Mennään rantaan ja matkitaan madon ääntä.

Tohtori Korhonen oli poistanut Ryynäseltä lapamadon ja sanoi:
- Kas niin, kyllä se Ryynänen tulee toimeen ilman lapamatoakin.
- Ryynänen katseli synkeästi saamaansa laskua ja murahti:
- Tulenhan se minä toimeen kyllä, mutta te ette.

Minkä kotieläimen voi vapaasti häätää ja hylätä?
- Lapamadon.

Päivää apteekkari. Meillä syötiin huonosti kypsennettyä haukea. On tainnut tulla lapamato. Saisinko matolääkettä.
- Aikuiselleko?
- En minä tiedä kuinka vanha se lapamato on.

Kutramoinen ja Jeesiö olivat kalalla Lokalla. Kutramoinen alkoi tingata ryyppyä kaveriltaan, kun arvasi tällä olevan pirtulekkerin repussaan. Jeesiö pani kuitenkin ehdoksi, että ryyppy on otettava raakana. Kutramoinen keräsi sylkeä suuhun ja otti oikein kunnon ryypyt nassakasta. Nuolaisi tyytyväisenä huuliaan ja totesi:
- Kyllä siellä mahassa nyt on lapamato ihmeissään, että mistä se Kutramoinen noin ärmäkän tujauksen sai.

Professori opetti lääketieteen opiskelijoille heisimadon eli lapamadon torjuntaa luennolla. Totesi lopuksi:
- Jos olette joskus liikkeellä Ranskassa ja rahat ovat lopussa, niin menkää Pariisin yliopiston lääketieteelliselle klinikalle ja antakaa matonäyte. Ne maksavat siellä hyvin, sillä lapamadot ovat Ranskassa suuria harvinaisuuksia.

Neljä lapamatoa keskustelivat. Ensimmäinen sanoi: - Toivossa on hyvää elää.
Toinen lisäsi: - Rauhassa on vielä mukavampi elää.
Kolmas mietti ja totesi: Joukossa on minun mielestäni paras elää. Silloin ei tunne itseään yksinäiseksi.
Lopulta neljäs totesi: Kuitenkin Uskossa on hyvä päättää päivänsä.

Minäkin muistan lapsuudestani tarinan, jonka mukaan naapurin isäntä oli metsässä kyykyllä tarpeillaan ja huomannut lapamadon kurkistelevan perslävestä. Hän sitoi madon puuhun ja juoksi kymmenen metriä ennen kuin mato tuli ulos kokonaan. Elettiin 60-lukua.

Kaaleppi oli lähdössä ongelle ja kaiveli tunkiosta syöttejä. Hermanni saapasteli paikalle ja uteli:
- Mitä sinä sieltä tunkiosta kaivat?
- Etsin kastematoja ongensyötiksi.
- Oletko varma, että pudotit ne juuri siihen kohtaan?

Mies ja vaimo riitelivät. Mies päätti tapansa mukaan jättää asioiden setvimisen kesken ja lähti kylmän rauhallisesti ongelle. Raivosta kihisevä vaimo oli yksin kotona kun gallup-kyselijä tuli taloon.
- Minä teen tutkimusta keski-ikäisten miesten elämäntavoista. Mistähän löytäisin miehenne?
- Menkää tuonne rantaan ja etsikää sieltä onkivapa, jonka molemmissa päissä on liero.

Minkälainen on kalan syönti Kallavedessä, kyseli turisti savolaisukolta.
- Hyvä se on. Joka aamu pitää käydä matoja kaivamassa kaivinkoneella, että varmasti riittävät.

Kuusivuotias Matti oli menossa ongelle. Äiti laittoi ehdoksi sen, että pikkusisko on otettava mukaan.
- Enkä ota, sanoi Matti tomerasti. Kun se viimeksikin oli mukana, niin ei tullut yhtään kalaa.

Naisten suusta

Kalassa olen kerran ollut mieheni kanssa, kertoi nuori aviovaimo, mutta toiste en mene. Mieheni nalkutti minulle koko ajan. Puhuin kuulemma aivan liikaa, liikehdin kömpelösti, en osannut panna matoa koukkuun, ja ennen kaikkea sain kalaa kaksi kertaa enemmän kuin mieheni...

Naiset juttelivat:
- Uskotko tosiaan, että miehesi oli ulkona ja kalasti? Eihän hän saanut yhtään kalaa.
- Siksi minä uskonkin häntä.

Miksiköhän miehet käyvät niin mielellään kalalla?
- Vain siellä he voivat kuulla niin suuresti itsetuntoa kohottavan ilosanoman: ”Onpas se iso”.

Nainen oli sängyssä rakastajansa kanssa, joka sattui olemaan myös aviomiehen paras ystävä. He rakastelivat tunteja ja myöhemmin, kun he vain makoilivat raukeina sängyllä, puhelin soi. Koska he olivat naisen talossa, hän vastasi puhelimeen. Rakastaja katsoi naiseen ja kuunteli, mutta kuuli ainoastaan naisen osan keskustelusta.
- Haloo? Ai, hei. Mukavaa, että soitit. Todellako? Se on ihanaa. Olen niin iloinen puolestasi. Sehän kuulostaa mahtavalta. Kiitos, okei. Hei, hei. Nainen laski kuulokkeen.
- Kuka se oli, rakastaja kysyi?
- Mieheni. Hän kertoi, kuinka hauskaa hänellä on, kun hän on kalassa sinun kanssasi.

Kalastaja Kermisen vaimo kertoo ystävättärelleen: - Kokeilin kaikenlaisia hajuvesiä, mutta vasta sen jälkeen, kun hän tunsi silakkalaatikkoni tuoksun, Herminen kosi minua.

Kaksi kalamiehen vaimoa keskusteli miestensä harrastuksesta pilkkionginnasta.
- On se sitten kamalaa, kuin paljon se meidän Heikkikin laittaa rahaa siihen kalastustouhuun. Pitää olla jääkairat, pilkkivavat, sohjokauhat, pilkkisaappaat, pilkkejä sen seitsemää sorttia. Ja aina pitää olla reppuun hyvät eväät ja kahvia termospulloon. Eikä sekään riitä, joka kerran on otettava reppuun mukaan kirkas viinapullo.
- No mutta herran jestas! Onko se teidän Heikki herennyt ryyppäämään. Eipä olisi uskonut.
- No eihän se toki ryyppää, mutta Heikki sanoo, että se viinapullo pitää olla mukana sitä varten, että sen sisältö kaadetaan pilkkiavantoon, jotta se pysyisi sulana kovalla pakkasella.

Miksi naisen kanssa ei kannata väitellä?
Eräs pariskunta meni lomalle järven rannalle, jossa tarvittiin kalastuslupa.
Mies rakasti onkimista aamuvarhaisella ja nainen rakasti lukemista.
Eräänä aamuna mies palasi parin tunnin kuluttua kalastamasta ja meni nokkaunille.
Vaikka nainen ei tuntenut hyvin järveä, hän päätti lähteä soutelemaan veneellä.
Soudeltuaan jonkin aikaa hän laski ankkurin ja alkoi lukea kirjaansa.

Jonkun ajan kuluttua ilmestyi kalastuksenvartija hänen veneensä luo ja sanoi:
- Päivää rouva... mitäs te olette tekemässä?
- Luen, vastasi nainen, ajatellen että se oli itsestään selvää.
- Olette alueella jossa on kalastus kielletty.
- Mutta enhän minä kalasta! Ettekö näe?
- Kyllä, mutta teillä on kaikki tarvikkeet mukana. Teidän on seurattava minua, joudun sakottamaan teitä.
- Jos sen teette, ilmoitan teidät poliisille väkisinmakaamisesta, sanoi nainen närkästyneenä.
- Mutta... enhän ole edes koskenut teihin!!
- Niin, mutta teillä on kaikki tarvikkeet mukana!
Kertomuksen moraali:
Älä väittele koskaan sellaisten naisten kanssa, jotka osaavat lukea.

Elina ja Liisa olivat henkiystäviä. Heillä oli yhteinen harrastus, nimittäin kalastus. Kun he olivat taas kerran veneellä onkimassa, niin Liisa sai koko ajan kalaa, mutta veneen toisella puolella onkiva Elina ei saanut mitään. Elinaa tämä alkoi nyppiä kovasti ja viimein hän kysyi, mistä moinen onkituuri oikein johtuu. Niinpä Liisa paljasti ystävättärelleen salaisuutensa:
- Kun aamulla nousen vuoteesta, vilkaisen mieheni penistä. Jos se on vasemmalle kallellaan, menen onkimaan veneen vasemmalle laidalle ja jos se on kallellaan oikealle, niin ongin oikealta puolelta.
- Entä jos se on pystyssä, kysyi Elina.
- No, silloin en lähde ongelle ollenkaan.

Ilmoitus Metsästäjä ja Kalastus lehdessä: Myytävänä loistoluokan hiilikuituinen, keraamisilla vaparenkailla varustettu

2,10 metrinen uisteluvapa + kullanvärinen iso Abu Ambassadör hyrräkela. Mukaan tulee iso uistinpakki, jossa on n. 300 erilaista vaappua, viehettä ja muuta vermettä. Hinta 50 euroa käteisellä. Puh. 09-987654321. Ps. Jos puhelimeen vastaa miesääni, niin sulje puhelin ja soita uudestaan myöhemmin.

Vaimo miehelleen ruokapöydässä:
- Sinä se sitten olet kummallinen mies. Maanantaina sinä halusit silakoita. Tiistaina sinä halusit silakoita. Keskiviikkona sinulle piti laittaa silakoita. Ja myös torstaina. Ja nyt kun minä tänäänkin olen paistanut silakoita, ne eivät enää kelpaakaan.

Äiti opetti tytärtään, että onkiretkellä pitää olla hiljaa eikä saa mekastaa. Pikkuveli:
- No ei se kyllä viimeksikään mekastanut, mutta se söi kaikki madot.

Nätti-Jussi ja muita kuuluisuuksia

Kalamies kehuskeli Nätti-Jussille suuresta kalastaan. Kertoi linjuriinkin tarvittavan toisen lipun kun kala ei mahdu yhdelle istuimelle.
Johon Nätti-Jussi, että minun kalani ei olisi sopinut kolmellekaan istuimelle. Sillä oli silmienkin edessä lyhdyt, jotta näki pimeessä uida.
Älä valehtele, totesi toinen.
No jos jätät sen toisen paikkapiletin pois, niin minä sammutan ne lyhdyt. Totesi Nätti-Jussi.

Nätti-Jussi, Mosku ja muut Lapin ihmemiehet istuivat tulilla ja oli siinä vähän miestä väkevämpääkin liikkeellä. Kalajutuilla kehuskelivat. Nättikin siinä kuunteli kehukaloja ja viimein tokaisi.
- Kerran olin Inarinjärvellä ja tein vesiavannon kämpän rantaan. Siitä saunanpataan vettä kantaessani kumarruin vähän syvempään ja katsoin mitä siellä 30 sentin läpimittaisessa avannossa näkyisi. Siinä kun siristelin silmiäni ja vähän tarkemmin katsoin, niin jään alla oli kala, joka oli niin iso, että sen toinen silmä kokonaan peitti avannon. Siinä sitä sitten tovin toisiamme ihmeteltiin.

Nätti oli saanut Inarinjärvestä niin suuren hauen, että kun sitä oli lähetty tukkirekalla viemään Helsingin torille myytäväksi, niin oli pitänyt lisätä ilmaa renkaisiin.

Nätti-Jussi oli tunnettu suurentelustaan ja kalajutuistaan. Eräänkin kerran hän istui kyläkuppilassa kertomassa viimeisimmästä kalastusreissustaan.
- Joo, se oli sillä lailla, että yks kaks se iski kiinni ja se olikin vetoa se! Tuskin uskoin itsekään, miten sain vetää ja löysätä siimaa ja taas kelata... Tuntikausia siinä meni, mutta tulipahan se lopulta pintaan. Se oli sellainen jätti... jaa, mitä ne nyt onkaan?
- Valas, ehdotti joku irvileuka kuulija.
- E-hei, ei valas! Valas mulla oli syöttinä!

Uittojätkiä istui Ounasjoen törmällä ryyppäämässä. Katselivat kun kiimahauet pitivät peliään rantamatalassa eivätkä välittäneet miehistä mitään. Sutkina miehenä tunnettu Juntto sanoi:
- Minä se sain yhtenä keväänä Ounasjoesta tosi ison hauen. Se piti justeerisahalla pätkiä metrin kappaleisiin, ennen kuin saatiin kannettua kartanolle. Lihat suolattiin ja vietiin saunaan savustumaan. Sauna oli aivan täynnä hauenlihaa.
- Panitko merkille, minkälainen katto siinä saunassa oli, kysyi Nätti-Jussi.
- Ei siinä souvissa joutanut saunan kattoja katselemaan.
- Olisit vain katsonut tarkemmin. Minä nimittäin naulasin sen saunan katon edelliskeväänä. Naulasin sen katon Ounasjoesta saamani hauen suomuista. Ne suomut olivat kooltaan sellaisia lumilapion kuupan kokoisia. Kattonaulatkin piti olla kuuden tuuman mittaisia, sanoi Nätti.

Oli se Nätti-Jussi kova erä- ja kalamies. Mie muistelen kuulleeni, että kun Nätti-Jussi putosi veneestä järveen oli kengän varsissa lohia ja kun se rannalla istui mättäälle ase laukesi vahingossa ja taivaalta putosi kaksi hanhea ja kun se sitten istahti, niin jänis juoksi perseen alle ja kuoli.

Juttelivat Lapin miehet isoista kaloista. Oli tulilla kuuluja kalamieheiä, oli Nätti-Jussi, Mosku ja muita. Jutut ja kalat kasvoivat koko ajan, mutta lopulta Nätti-Jussi heitti kehiin tosi ison. Oli saanut hirmukalan jokunen vuosikymmen sitten. Mormyskaan se tarttui, pikkuisen suupielestään, mutta kun Nätti yritti sitä avannosta vetää jäälle, niin eipä tullutkaan. Nätin täytyi ottaa jäätuura ja suurentaa aukkoa, lähes metrin halkaisijaltaan. Tässä olikin Nätillä täysi työmaa, koskapa siiman toisessa päässä oli pideltävänä teutaroiva kala, pelkän vasemman käden varassa ja toisella kädellä Nätin täytyi särkeä yli metrin paksuista jäätä, samalla varjellen, ettei siima mene poikki.
Lopulta kuitenkin Nätti pääsi vetämään kalaansa ylös. Ja ajatelkaas, niin suuri hauki siellä Nätin mormyskassa oli, että varttitunnin vetämisen jälkeenkään ei edes sen korvia näkynyt! Kameraa ei sattunut olemaan, kukapa silloin olisi sentään niin varustautunut ollut?
Ei ainakaan Nätti, eihän hän edes tuohon aikaan edes omistanut kameraa.
Mutta oli sillä kalalla mittaa, Nätti äkkisiltään sen mittasi tuuran varrella ja se oli kutakuinkin, neljä ja puoli kertaa varren mittaa pitkä ja kolme neljäsosaa leveä, kitusien kohdalta.
Kiireesti Nätti lähti hakemaan vesikelkkaa rannalta, jotta petokala saataisiin kotikämpälle.
Mutta kun Nätti saapui kelkkoineen ja viputaljoineen takaisin avannolle, niin oli hauki kadonnut ja vienyt mennessään niin mormyskat kuin ongetkin.
Oli nimittäin kiireen hötäkässä Nätiltä unohtunut antaa lopetuspisto niskaluiden väliin, ja niin oli mennyttä se

mahtikala.
Monet kerrat Nätti-Jussi on ollut pilkkeineen ja mormyskoineen kyseisellä järvellä pilkillä, vaan eipä ole veijari enää mennyt lankaan, kaipa se oppi kerrasta?

Nätti-Jussi oli kerran saanut Inarilta pilkillä aivan mahdottoman ison lohen. Vaikka Nätti oli pilkkinyt sauna-avannosta, niin ei ollut lohi mahtunut tulemaan jäälle. Oli juuttunut mahansa kohdalta avantoon ja siinä pysyi, vaikka mitä yritti.

Mainitsi Nätti, että tilanne kesti kauan, ei siinä ollut sitten muu auttanut, kuin jäädä odottelemaan. Kului vuorokausi, kului toinenkin ja vasta kolmannen päivän illalla oli lohi laihtunut sen verran, että juuri ja juuri oli Nätti saanut sen hivutettua avannon läpi jäälle.

Pekka ja Toivonen olivat uistelemassa Inarijärven Kasariselällä. Ihmettelivät ohi pyyhältävää lainelautailijaa. Yhtäkkiä tuli selälle äkillinen puhuri ja surfaaja tipahti laudalta ja katosi veden alle. Kului minuutti ja toinenkin. Toivonen sanoo Pekalle:
- Sinä olet Inarin paras uimari. Mene pelastamaan se. Pekka kauhoo uppoamispaikalle ja sukeltaa syvyyksiin. Kotvasen kuluttua hän jo vetääkin rannalle velton ruumiin ja ryhtyy antamaan tarmokkaasti tekohengitystä suusta suuhun menetelmällä.
Kuluu minuutti, kaksi ja vielä viidentoista minuutinkaan päästä ei elvytys ole tehonnut. Silloin sanoo Toivonen:
- Taisit kuule Pekka pelastaa väärän ukon. Tällähän on luistimet jalassa.

Presidentti Kekkonen oli kovettu kalamies. Kerran häneltä kysyttiin, miksi tämä ei ymmärtänyt jo jättää tehtäviään nuoremmalle seuraajalleen ja jäädä eläkkeelle. Tähän Kekkonen vastasi:
- Enhän minä silloin pääsisi koskaan kalalle, kun ei olisi kesälomaa.

Kerran kun Nätti-Jussi oli saanut kalan, niin pyrstö oli ollut Rovaniemellä ja pää Oulussa, niin oli pitkä kala.
Eduskunnan maa- ja metsätalousvaliokunnassa käsiteltiin vuonna 1996 kalastuslain muutosta eli ns. läänikohtaista viehekalastuskorttia. Siitä puhuttiin pitkään ja hartaasti. Yksi valiokunnan jäsenistä oli RKP:n Henrik Lax. Kun hän pyysi puheenvuoroa niin huomautti joku puoliääneen:
- Eihän Lax (lohi) saa puhua. Hän on jäävi omassa asiassaan.

Kansanedustaja Antti Kaikkonen voitti Valtakunnallisen kalastuspäivän onkikilpailun elokuussa 2006. Voittokala oli alle kiloinen särki. Voittajan kommentti:
- Särki oli niin suuri, että selkää särki.

Ongella otettua

Sain minä sitten kerran kaverin kanssa Kuusamon Polojärvestä aivan mahottoman ison ahvenen mato-ongella. Se oli niin iso, että sen kanssa olni joutua kummaan. Kun ahven ponnahti veneen toiselle puolelle, niin oli meidän kiiruusti hypättävä vastakkaiselle puolelle, muuten olisi vene kaatunut. Tätä piirileikkiä kesti jonkin aikaa, kunnes saimme sen ahvenenrotkaleen kirveellä nuijituksi hengiltä.

- Oletko onkinut kaikki nämä ämpärissä olevat kalat itse?
- En, minulla on eräs mato, joka auttaa siinä!

Savolaisen onkimiehen aamuinen ongelma:
Pitäisi saada kalaa kalakukkoa varten, mutta kun kalaa ei tule, pitäisi saada kalakukko, joka herättäisi aamu-uniset kalat.

- Oletkos ongella?
- En suinkaan, kylvetän vain matoja.

Äiti, en ota enää pikkusiskoani mukaan ongelle!
- Mutta vesihän on matalaa, ja sinä osaat uida.
- Niin, mutta kun sisko syö kaikki syötit!

Kun ehkä tämän ja vielä seuraavankin kalan saan,
niin enää kolme viidestä puuttuu..

Kaksi poikaa meni ongelle, mutta sitten se katkesi!

Kaksi miestä istuu ongella.
- Syökö kala? toinen kysyy.
- Tottakai, eihän se muuten elä!

Pojat istuivat ongella. Äkkiä toisen onkeen otti komea lohi, jonka poika sai väsytettyä. Sitten hän kuitenkin paiskasi saaliinsa takaisin järveen.
- Miksi sinä tuon teit? toinen poika ihmetteli.
- Äiti sanoi kerran torilla, ettei meillä ole varaa syödä niin kallista kalaa kuin lohi.

Kaksi miestä oli kesäpäivänä ongella mökkinsä laiturilla. Samalla he katselivat, miten pari vähäpukeista naista kisaili vastarannalla. Toinen miehistä tuumasi:
- Mitähän nuokin tuolla tekevät?
- No, sanotaan nyt vaikka, että kalastavat käyttäen eläviä syöttejä.

Kalle ja Ville olivat ongella. Villen koho painui äkkiä veden alle ja Ville vetäisi siiman kuiville. Mutta kala oli pudonnut.
- Se taisi olla naaraskala, sanoi Kalle.
- Kuinka niin? ihmetteli Ville.
- No, kun se petti miehen, vastasi Kalle.

Mies istui ongella. Pikkutyttö tuli ja katseli touhua.
- Mitä sinä teet?
- Ongin.
- Mitä sinä ongit?
- Kaloja.
- Oletko saanut yhtään?
- En.
- No, mistäs sinä sitten tiedät, että ongit juuri kaloja?

Mies istui ongella puron partaalla. Mutta hänen nautintonsa pilasi muuan paikalle maleksinut lörpöttelijä:
- Teillä on upea onkipaikka siinä! Täytyy tunnustaa, että tätä parempaa kalapaikkaa ette olisi voinut löytää mistään...
- Enkä murhapaikkaa! ärähti mies.
Häiritsijä häipyi ääneti.

Turisti seurasi aikansa pikkupojan onkimista ja meni lopulta pojan luokse jokirantaan ja kysyi:
- Onko tämä hyväkin kalajoki?
Poika nosti onkensa pois vedestä, tarkasti madon, sylkäisi koukkuun ja paiskasi ongen takaisin veteen pyytämään.
- On. Kalat pitävät siitä niin paljon, etteivät halua millään tulla joesta pois.

Ville ja Kalle olivat ongella.
- Onko vielä kertaakaan puraissut?
- Hölmö, ei ole vielä edes haukkunut.

Ottivieheitä

Ottiviehe voidaan määritellä seuraavasti: sellainen keinotekoinen koukuilla varustettu houkutin, jolla saadaan varmimmin kalaa. Yleensä ottavin on 50 euron seteli, jolla saa Prisman matalikon kalatiskiltä aika hyvin kalaa ja isojakin kotiin vietäväksi.

Uistin on pyydys, jota vedetään pitkin järveä veneen perässä. Uistimien, samoin kuin kulkutautien menestys perustuu tarttumiseen. Joko kalaan tai kalastajaan.

Saatiin viime vuonna Torankijärvestä Kuusamosta Professori uistimella niin julmetun kokoinen hauki, että sen suomustamiseen piti lainata naapurin Pertiltä Partner moottorisaha, se isompi pitkälaippainen malli. Kiitokseksi sahan lainasta tehtiin Pertin lapsille ko. hauen uimarakosta kumivene.

- Voi jeesuksen tuhatta tolpanväliä havupuita ja joka neulasen nokassa perkele, mesosi hauenkalastaja Horttanainen, kun peruke katkesi ja iso hauki vei mennessään parhaimman uistimensa, kullitetun (=kullanvärisen) Professorin.

Haukiperhe uiskenteli järvellä, kun isähauki yht´äkkiä katosi.
- Äiti, mihin isä oikein meni? kysyi pikkuhauki.
- Ole nyt hiljaa ja ui vain eteenpäin! Isä jäi taas sen Rapala-hutsun kanssa suustaan kiinni.

Horttanainen oli Tenolla kalassa ja sai suuren lohen, 16-kiloisen.
- Mihin otti lohi, kyselivät kalakaverit rannassa?
- Otti semmoiseen Joonaksen kommunistiin, siihen vihreänpunaiseen Joonas vaappuun.

Kuusamon Uistimen tuotevalikoiman yksi suurista helmistä on tunnetusti Räsäsen Seiska peltiuistin. Tämä on kaikille kalamiehille ja naisille tuttu ottipeli, mutta turisteille se saattaa olla outo. Tämän sai kerran karvaasti kokea eräs tamperelainen herra Räsänen, joka sattui poikkeamaan uistintehtaan kahvioon. Ovi tuotantopuolelle oli auki ja herra Räsänen kierteli myymälän hyllyjen välissä ja kuunteli samalla avoimesta ovesta kantautuvaa puhetta. Tuotantopuolella yksi työntekijöistä huuteli kovalla äänellä toiselle:

- Lyö nyt se Räsänen ulos.

Tässä vaiheessa herra Räsäsen korvat alkoivat jo punoittaa.

- Ja paina se Räsänen muotoon, kuului seuraava kommentti.

Siinä vaiheessa herra Räsäsen pinna petti ja hän syöksyi kauhuissaan ulos kahviosta.

Isähauki oli poikansa kanssa uimassa ruovikon reunassa kun ohitse vilahti iloisesti viipottaen Ambulanssi-Rapala. Poikahauki kysyi isältään, että mikä tuo oli?

-Se on gigolo. Äiti lähti viime viikolla sen perään eikä ole vieläkään palannut.

Laihialainen sai Sivutissi-Nilsulla Tenosta 16-kiloisen lohen. Kaikkien ihmetykseksi hän kuitenkin heitti kalan takaisin jokeen valokuvan oton jälkeen.

- Oletko sinä alkanut harrastaa catch and release pyyntiä, ihmettelivät kaverit.

- No ettekö te nyt ymmärrä, tuhahti laihialainen. Ei meidän perheessä ole varaa syödä noin kallista ruokaa.

Vuosia sitten Tenolla oli ollut vaisu yö. Porukka oli tarjonnut lohille sitä sun tätä ilman tulosta. Aamuyöstä sitten joku hiljainen nuori kalastajanalku sai tärpin ja sai vielä rantautettua lohijalan. Siihen ympärille kerääntyi joukko kokeneita lohiukkoja tivaamaan, että - mihin otti?
Poika katsoi kyyrystä kalan luota äijiä hieman pelästyneenä ja totesi, että - suuhun se otti.

Kalakaveri meni kerran Schröderin kalastustarvikekauppaan ostamaan uistimia. Avulias myyjä esitteli mitä erilaisimpia malleja, värejä, kokoja. Lopulta hän löi tiskiin 10 liikkeen eniten myytyä viehettä, joukossa oli peltiä, vaappua, lippaa, jigiä.
- Oletteko varma, että kalat pitävät juuri näistä vieheistä, kysyi ostaja.
- Mistä minä sen tietäisin, vastasi myyjä. Minä myyn näitä kalastajille enkä kaloille.

Amppa oli pilkillä Kuusamojärvellä ja tormasi suuri kala pilkkiin. Väsyteltyään pitkään kala kuitenkin nirhasi siiman poikki ja vei pilkin mennessään. Hieman myöhemmin Amppa tuli jälleen samaan kohtaan pilkkimään, josta kala oli vienyt hänen pilkkinsä. No eipä aikaakaan, kun pilkkiin iski jälleen iso kala. Aikansa kalan kanssa touhuttuaan Amppa sai kalan jään paremmalle puolelle ja huomasi, että kookkaalla hauella oli leukaperissään sama pilkki, jonka hän oli vähän aikaisemmin menettänyt.
Pilkki oli nimeltään Lotto ja Amppa sai näin ollen Lottovoiton, joka ei tosin tällä kertaa sisältänyt rahaa.

Kalastaja Kutramoinen oli perheen kanssa mökillä viime kesänä. Perheen villakoira Puppe löysi jostakin ison Rapala Magnum haukivaapun ja alkoi pureskella vaappua ja kohtapa oli yksi iso kolmihaarakoukku kiinni koiran suupielessä ja seurauksena oli kaamea ulina. Kutramoisen vaimo syöksyi paikalle ja otti Pupen syliinsä. Silloin ison haukiuistimen toinen kolmihaarakoukku tarttui vaimon käsivarteen. Molemmat huusivat ja ulisivat kuin palosireeni ja sumusireeni yhdessä.
Kalastaja Kutramoinen koppasi huutavan kasan syliinsä ja kantoi sen farmariauton takaboksiin ja vei lastin terveyskeskukseen. Lääkäri katsoi kummissaan tapausta ja Kutramoinen sanoi hänelle:
- Älkää kysykö miten tämä on tapahtunut. Irrottakaa kuitenkin saalis uistimesta. Minulla ei nimittäin ole koskaan aikaisemmin ollut näin hyvää viehettä. Ilman ainuttakaan heittoa saaliina on 15-kiloinen villakoira ja 55-kiloinen kaunis nainen.

Pieni hauentuppi, hyvästi alle kiloinen itkeä pillitti ja oli kovin suruinen. Äitihauki huomasi tämän ja kyseli syytä suruun.
- Olen niin tavattoman pieni, vastasi hauentuppi ja itkeä pillitti entistä enemmän.
- Kuulehan nyt lapsukainen, ei ole mitään syytä huoleen, nappaat vain kiinni tuon kalastaja Horttanaisen Sivutissi-Nilsuun, niin huomenna olet vähintäänkin viisinkertaistanut painosi.

Järveen oli tullut uusi tulokas. Jostakin alajuoksulta tihkui tietoja. Nimi oli kuulemma Rapala. Kylän hauet ovat nähneet sen vilaukselta ja se on huhujen mukaan komia! Melkein kaikki naarashauet ovat kytiksessä nähdäkseen vilauksen siitä. Se on tummahipiäinen ja haisee kalalta.

Suomalainen kalaporukka oli vuosikymmeniä sitten kalalla Neuvostoliitossa, Äänisen takana Volodja järvellä ja läheisellä joella. Räsäsen Seiskan ja Professorin antamat kuhasaaliit olivat niin valtavia, että seuruetta kuljettanut armeijan helikopteri alkoi lennättää saalista myyntiin Petroskoihin.

Oltiin uistelemassa Kuusamojärvellä, siihen aikaan puisella soutuveneellä ja muutamassa salmessa oli taimen otillaan, kolmessa vavassa oli samanlaiset uistimet, amerikkalaiset puukalat woblerit ja kaikilla tuli iso taimen tunnin sisällä. Toinen vene uisteli samaa salmea ja kun eivät saaneet mitään, niin ajoivat tahallaan siimat ristiin ja näkivät tietysti siimasopan selvittelyn yhteydessä meidän uistimet.
Seuraavana päivänä oltiin tiukasti kalastustarvikeliike Verkko-Veikon ovenrivassa kiinni heti aamusta ja kun liike avautui, niin ostettiin kaupasta kaikki amerikkalaiset puukalat kaupasta pois kuleksimasta. Eipähän saaneet naapurit hommattua ottiuistimia.

Outoja

Pikkupojat olivat joella ongella. Siihen tuli isoja poikia ja ajoivat pienemmät pois.
- Laitetaan tiuhasilmäistä pyyntiin, sanoivat he ja räjäyttivät dynamiitilla kalat kuoliaiksi.

Urheilukalastaja Kerminen soitti marraskuussa Inarin puhelinkeskukseen:
- Kestääkö Inarinjärven jää?
- Kyllä kestää, keskus vastasi.
- Kiitos.
- Ei kestä.

Kaksi miestä oli kalastamassa. Toinen sai kalan, eikä tiennyt kuinka tappaa se. Hänen ystävänsä ehdotti, että hänen ehkä olisi paras hukuttaa se.

- Ostatteko paristo- vai verkkokäyttöisen radion?
- Verkkokäyttöisen, olen kalastaja!

Isä ja kolmevuotias Mikko istuivat ongella Tuusulanjärven rannalla. Ohitse kulki lauma punkkarinuorisoa, joka oli pukeutunut kuten asiaan kuului: hakaneuloja poskessa, korvakoruja, värikkäät geelillä muotoillut harjatukat, risaiset ja suttuiset vaatteet, mustat nahkarotsit ja kädessä tietysti muovikassillinen kepparia.
- Isi, mitä nuo ovat, kysyi Mikko.
- En tiedä, mutta katsotaan kotona eläinkirjasta, vastasi isä.

Mikä on metallinen ja hyppii ylävirtaan?
- Tölkkilohi, joka nousee kutemaan.

Torvelainen meni psykiatrin vastaanotolle.
- Tohtori, minä rakastan savustettuja muikkuja tomaattikastikkeessa. Jokin minun sisimmässäni pakottaa syömään niitä jatkuvasti.
- No mutta muikuthan ovat erittäin terveellistä ruokaa.
- Niin, mutta purkkeineen?

Pikkutyttö seurasi kun kalastajat lastasivat olutta laivaansa ja ihmetteli:
- Kuule äiti, juovatko kalat noin paljon olutta?

Mikä haisee kalalle ja matkustaa kaksi kertaa äänen nopeudella?
- Concorden tai Migin tai Hornetin lentäjän lohivoileipä.

Etelänmies hakkaa halkoja mökillään Inarinjärvellä. Hän kysyi naapuriltaan, vanhalta Inarin ammattikalastajalta, että minkälainen mahtaa seuraavasta talvesta tulla.
- Naa killa se vain tulee kylmä talvi, vastasi Lapin äijä.
- Etelänmies hakkasi tämän kuultuaan entistä enemmän halkoja ja kysäisi vielä varmuuden vuoksi uudestaan naapurin äijältä, että minkälainen talvi se oikein on tulossa.
- Naa killa se vain tulee oikein kylmä talvi, vastasi Lapin äijä.
- Mistä kummasta sinä sen muuten tiedät, että tulee oikein kylmä talvi?
- Naa, etelänmies hakkaa paljon halkoja.

Karjalan tasavallassa naapurin puolelta on pyydetty viime vuonna suomalaista apua susijahtiin, sillä suuri susilauma oli syönyt Jänisjärven jäällä pilkkineen ukon. Miehestä ei ollut jäänyt jäljelle kuin kumisaappaan pohjat, revitty eväsreppu ja potkukelkka.

Mies meni Tampereen kalamarkkinoille ja siellä olevan selvännäkijän puheille.
- Missä on isäni, kysyi mies, vaikka hän tiesi isänsä kuolleen jo vuosia sitten.
- Hän on Oulussa pilkillä, vastasi selvännäkijä.
- No missä on sitten äitini aviomies?
- Hän on jo taivaassa. Mutta sinun isäsi on edelleen pilkillä Oulussa.

Mitä yhteistä on kalastuskilpailulla ja pokerilla? Jos kellään ei ole mitään parempaa, niin molemmissa on voittaja se, jolla on suurin hai.

Pikku-Irmeli kaivoi kuoppaa puutarhan perällä. Naapuri katseli tytön touhua ja kysyi pensasaidan ylitse, että mitähän se Pikku-Irmeli nyt touhuaa.
- Minun kultakalani kuoli ja kaivan sille hautaa.
- Voi voi sentään. Mutta eikö tuo kuoppa ole aivan liian iso kultakalalle?
- Minun kultakalani on teidän kissan vatsassa.

Pilkkijuttuja

Oltiin kerran Rukajärvellä pilkillä ja loppuivat syöttimadot, niin oli kova syönti, ja alettiin käyttää kalan silmiä syöttinä. Sehän on vanha ja hyvä konsti ahvenelle. Ja siitähän se syönti vain parani. Mutta sitten loppuivat silmätkin.

Kerran oli Ihtingillä kalalla kovia pilkkimiehiä Kajaanista. Isoja ahvenia ja siikoja tuli vaikka kuinka paljon. Kaikki kalat veivät pois mukanaan mitä jaksoivat kantaa, lopuista piti tehdä suova jäälle.

Pyrytti ja viimotti, mutta Eevertti ja Kaaleppi istuivat pilkkiavannolla. Ei ollut edes nykäissyt koko aamuna. Mieliala oli pohjalukemissa.
- Nyt on kuule niin huono syönti ahvenilla, ettei ole ollut kuin kerran aiemmin elämässäni yhtä huono kalan syönti.
- No milloin se oli vielä huonompi syönti?
- Se oli silloin kun pilkkivehkeet unohtuivat kotiin.
Mies oli naapurikunnassa pilkillä, ja pitäjän pappi tuli jäälle katsomaan hänen touhujaan, eikä mies tuntenut häntä. Äkkiä miehen pilkkiin tarttui niin suuri hauki, että se ei mahtunut reiästä. Kun mies ryhtyi suurentamaan reikää, pääsi kala karkuun. Silloin mies kirosi ja sanoi:
- Nyt se perkele pääsi karkuun!
- Jos se se oli, niin sai mennäkin, sanoi pappi.

- Otatkos sinä mukkaan omat avannot pilikkireissulle?
- No en. Minä pilikin viimevuotisista.

Kaksi pilkkijää kökötti kumpikin avantonsa laidalla järven jäällä.
- Mahtaakohan tässä järvessä olla paljon elohopeaa? toinen tuumi huolestuneena.
- Kyllä vain, sanoi siihen toinen. Viime viikolla sain ahvenen, joka näytti 20 astetta pakkasta.

Pilkkimies saalista kyselevälle:
- Kun minä vielä tämän saan ja kolme muuta, niin ei puutu kuin kahdeksan kalaa tusinasta!

Mitkä olivat pilkkimiehen viimeiset sanat?
- Helvetin nopea kairata, kun jää on näin ohutta.

Tulukaa pois sieltä avannosta hukkumasta, sanoi Nestori pilkillä.

Kaaleppi tuli pilkiltä ja kehui naapurilleen saaneensa taas ison kalan.
- Nuo sinun kalat ne aina vaan kasvavat.
- No totta kai, kasvaisivathan ne järvessäkin, Kaaleppi puolusteli.

Mies tulee pilkiltä ja vaimo kysyy.
"No, saitko mitään"?
"Kuhan sain", vastaa mies.
Johon vaimo. "Ei sitä nyt tarvi olla töykeä, vaikkei paljo saakaan".

Pilkkiessäni käytän syötteinä kalansilmiä. Kerran oli syönti niin kovaa, että silmät loppuivat kesken!
Tamperelaiset ja turkulaiset olivat päättäneet ratkaista kaupunkien väliset erimielisyydet ja järjestivät pilkkikilpailut Säkylän Pyhäjärvellä. Käsirysyjen ja asiattomien kommenttien välttämiseksi järvi oli jaettu kahteen yhtä suureen alueeseen. Heti kilpailun alettua peli näytti selvältä. Turkulaiset eivät saaneet sintin sinttiä, kun taas manselaiset kiskoivat kalaa ylös minkä kerkisivät. Turkulaiset eivät halunneet hävitä ja lähettivät vakoilijan tamperelaisten puolelle.
Hetken kuluttua vakoilija palasi ja huusi: "Kuulkka ny kaik tytö ja poja! Ne on kairannu reikki jäähä!"

Kaaleppi seisoo pilkkiavannolla kovassa pakkasessa ja viimassa. Pilkkivapa sojottaa kinttaassa elottomana, pilkkiavanto on aikoja sitten jäätynyt umpeen. Naapurireiän pilkkijä alkaa vaihtaa avantoa ja ohi kulkiessaan virkkaa:
- Taitaa olla Kaalepilla kylymä, kun seisoo noin keskellä haalareita.

Jupahtava turkulainen kalastuksen harrastaja oli ostanut uuden moottorikairan. Hän ei ollut kuitenkaan tyytyväinen sen ominaisuuksiin ja vei sen maanantaina takaisin liikkeeseen.
- Ei tällä saa kairattua reikää, hyvä kun yhden avannon saa päivässä aikaan, mies valitti.
- Vai niin totesi myyjä ja vetäisi käynnistysnarusta jääkairan käyntiin.
- Mikä ääni tuo on ihmetteli turkulainen juppikalastaja.

Upsalan ekonomi oli haukipilkillä ja kairasi ensimmäisen reiän ja alkoi pilkkiä isolla Professorilla. Silloin kuului ylhäältä kumea ääni: "Ei siitä tule haukia, siirry muualle".
Upsalan ekonomi kairasi uuden reiän ja alkoi pilkkiä, nyt isolla tasapainopilkillä. Taas kuului ääni: "Ei siitä tule haukia, siirry muualle".
Jälleen mies siirtyi uuteen paikkaan ja kairasi jäähän uuden reiän ja vaihtoi siiman päähän uutuuttaan kiiltävän helmellisen Räsäsen seiskan. Ja jälleen kuului ääni ylhäältä: "Ei siitä tule haukia, siirry muualle".
Silloin Upsalan ekonomi hermostui ja huusi takaisin: "Herra Jumala, sano minulle mistä minä sitten saan pilkillä haukia?"
" En minä ole Jumala, vastasi ääni. Minä olen jäähallin kuuluttaja ja ottelu alkaa vartin päästä, joten olisitteko ystävällinen ja siirtyisitte muualle".

Asuessani aikoinaan Lapissa, otettiin isoja kesällä perholla pyydettyjä harreja pakastimesta sulamaan. Mentiin pilkille paikalliselle järvelle, paistettiin ne isot harrit nuotiolla rannassa ja jätettiin harrin päät ja ruodot siihen näkyvälle paikalle.

Kala-Kallena tunnettu kalamies kertoi kerran kunnon pilkkireissustaan, jolla hän sai oikein pannukarkeita ahvenia ja paljon. Kaverit hieman epäilivät Kallen kalamääriä ja tinkivät ja tinkivät heivaamaan.
Lopulta porukalla hyväksyttiin saatu kalamäärä. Kalle lähti kävelemään ja huokasi, että jäi sentään keittokalat, vaikka en pilkillä ole käynytkään.

Kaaduin talvella pilkkireissulla Näsijärven jäällä ja jouduin makaamaan viisi viikkoa.
- Ihanko totta. Ihme ettet jäätynyt kiinni.

Rapujuttuja

- Olen vähän huolissani tuosta Ryynäsestä, mainitsi naapuri toiselle.
- No miten niin?
- Siten niin, että aina kun soitan hänelle, niin viime aikoina hänen vaimonsa on aina vastannut, että Ryynänen on rapulassa.
- No eipä kuitenkaan syytä huoleen, sanoi toinen naapuri. – Etkö ole kuullut, että hän on perustanut ravunkasvatusfarmin nimeltä Rapula.

- Millainen rapukausi on luvassa?
- Rapuja on ihan rutosti.

Kolmossivun tyttö Kauppalehdessä:
- Vihdoinkin rauhassa. Herrat imevät saksia.

- Mitä se Kutvonen oikein keittelee? kysyi Torvelainen naapurin isännältä.
- Kommunistisoppaahan minä, vastasi Kutvonen ja nosteli kattilasta punaisiksi muuttuneita rapuja.

- Mikä on rapujuhlien huippu?
- Löytää ravut jääkaapista juhlien jälkeisenä aamuna.

Kansanedustaja oli ravintolassa syömässä rapuja ja otti jokaisen ravun syötyään kunnon ryypyt. Kaveri ihmetteli ja kysyi, miksi hän aina ottaa ryypyn syötyään ravun.
- No sen takia, että jos ne sieltä mahasta takaisin pyrkivät, niin ei ne sieltä ainakaan selvin päin tule, vastasi kansanedustaja.

Perusinsinööri Miettinen oli seurannut mielenkiinnolla rapuillallisia Savoy-hotellissa Helsingissä. Ravintolassa istui vanha vuorineuvos rapuiltaa viettämässä.
Illan edistyttyä pitkälle vuorineuvoksella tuli asiaa hovimestarille.
- Hovimeshtari, minushta tunthuu, että näisshä ravuisha on liian pehmeä kuori.
- Se saattaa johtua siitäkin, että herra on viimeisen tunnin ajan syönyt mansikoita, tyynnytteli hovimestari.

Nuori rouva Elisabeth oli pahalla päällä, puhisi ja kiukkusi.
Naapuri tiedusteli syytä.
- No kun meidän Pertti lähti aamulla ampumaan rapuja. Minä en edes tiedä miten rapuja paistetaan, nyyhkytti Elisabeth.

Biologian koekysymys peruskoulussa:
- Minkä takia rapu kulkee takaperin?
- Ettei sillä mene hiekka silmiin.

- Mistä tietää, että tanskalaiskalastaja on ollut Norjan aluevesillä pyydystämässä katkarapuja?
- Siitä, että saaliin joukosta löytyy katkarapu, joka röyhistää rintaansa ja sanoo: "Minä olen hummeri!".

Savolaisia

Kesävieras pysähtyi katselemaan Kuopion Saaristokaupungissa kaivinkoneen työskentelyä rakennustontilla.
- Mitähän tuossa oikein tehdään?
- Ovat tainneet meijän poijat ryhtyä isompia kastematoja onkeesa kaivelemmaan.

Työkaverini kertoi, että kun hän oli hankkinut mökin Savosta, kuuli hän, että pitäisi merkitä pyydykset kalastuskunnan merkeillä, mökkiläisen lupaan saisi muutaman. Mutta kun hän oli illalla tullut uuden omaisuutensa ääreen, ei hän tiennyt lähteä merkkejä mistään ostamaan ja kai ajatteli, ettei katiskalle edes viitsi hakea. Ketään ei näkynyt missään, hiljaista oli. Laittoi siis illalla häkin veteen.
Aamulla oli katiskassa saalis - savustettuja muikkuja.
Kaveri kävi hakemassa merkit ennen kuin seuraavan kerran laski katiskan.
Tätä pidän hienona ja älykkäänä ohjauksena: eihän tuollaisesta voi kuin tulla hyvälle tuulelle. Maalla ei näy koskaan ketään mutta kaikki näkevät kuitenkin kaiken.

Savolaisukko oli pilkillä Kallaveden jäällä.
- Montako kalaa olette saaneet, kyseli ohitse hiihtänyt kulkija.
- Jos tämän jäläkeen, joka nyt nykkii, tulloo vielä yks, niin sitten on kolomee vaille viis.

Vanha rouva moitiskeli Mikkelin torilla kauniina kesäaamuna kaloja vanhoiksi ja sanoi:
- Taitavat olla vanhojakin nuo hauet, kun näin haisevat.
- Eivät kalat haise, se olen minä, joka haisen, tokaisi torimyyjä.

Savolaiseen kyläkauppaan otettiin kokeeksi myyntiin marokkolaisia Manu-sardiineja. Kauppa kävi kuitenkin kehnosti, joten kauppias jakeli vähin äänin loput kalapurkit asiakkaille joululahjoiksi.
Joulu tuli ja meni, mutta yksikään asiakas ei maininnut sanallakaan lahjakalapurkeista. Lopulta kauppias kysyi naapurin isännältä suoraan, olivatko eteläiset merikalat maistuneet.
Savolaisukko vastasi kohteliaasti:
- No voe tokkiinsa. Vuan oli niissä ulukomaan kalakukkoloissa kuitenniin melekosen kova kuori.

Rovasti oli innokas kalamies ja kerran hän meni Kallaveden jäälle jututtamaan muuatta savolaisukkoa, oli nimittäin kevään parhaimmat pilkkikelit meneillään. Keskusteltiin siinä asiaan kuuluvat ilma-asiat ja kalansyönnit ja muut sen sellaiset. Siinä sivussa ukko kaivoi repustaan putelin ja otti pitkät ryypyt.
- Kuulehan, sanoi rovasti. Minä olen elänyt näin vanhaksi enkä ole ottanut ryyppyä vielä ikinä, en edes kalareissulla.
Savolaisukko kiersi pullon korkin visusti kiinni ja tokaisi:
- Etkä ota kuule nyttenkään.

Vanha savolaismummo oli Kuopion torilla myymässä haukia. Tuli siihen muuan hieno rouvashenkilö katselemaan kaloja.
- Ostakee rouva hauki, houkutteli mummo.
- Anteeksi, olen insinyörskä, oikaisi rouva nenäänsä nyrpistellen.
- Oo vaikka persnyörskä, mutta osta kuitenni hauki, tokaisi mummo.

Savolaisilta on vaikea saada suoraa vastausta kysymykseen. Vertti oli heimonsa tyypillinen edustaja. Hän oli ollut keväällä kalassa ja palaili veneellään kotirantaan, jossa kohtasi puolitutun kylänmiehen.
- Tuliko kallaa?
- Kyllä sitä liemeen suapi vaan puhaltoo tänäkin päevänä, vastasi Vertti.
- Mitenkä sitä kallaa on ylleensä tullut tänä vuonna?
- Kyllä sitä vaan on saanunna syleksiä ruotoja pitkin vuotta, virkkoi Vertti.

Kaksi savolaisukkoa istuu ongella Kallaveden rannalla.
- Syökö kala, kysyy toinen.
- Totta kai se syö, eihän se muuten elä, vastasi toinen.

Savolaisukko joutui syytteeseen ja käräjille eläinrääkkäyksestä. Oli mokoma tunkenut kahden kilon kalakukkoon kolme kiloa muikkuja.

Kaksi kuopiolaispoikaa tulee ongelta ja kohtaa toisensa rantakadulla. Toisella roikkuu vitaksessa toistakymmentä pientä ahventa ja toinen roikottaa suurta lahnaa. Pikkuahventen kantaja katselee hetken vastaantulijan saalista ja virkkaa:
- Kato, sinähin out suanunna yhen.

Savolaisukko seurasi silmä kovana kaivinkoneen työtä pienen järven rannassa ja halusi tietää, mitä siinä kaivetaan.
- Syvennän tätä järveä, vastasi ruoppauskoneen kuljettaja.
- No ka, eikö tuo olisi viisaampata ja helepompata lisätä vaan vettä järveen, arveli ukko.

Sekalaista saalista

Kalakaverin vaari oli kuolinvuoteella, oli jo niin huonona, että pappikin oli paikalla. Vaarilta kysyttiin, että
- Kuopataanko vaarin ruumis vai poltetaanko?
Johon vaari kovana kalamiehenä vastasi...
- Eikun savustetaan...

Vanha Keravan työväenyhdistyksen veteraani oli ostamassa torilta silakoita. Tuttu aatetoveri tuli vinoilemaan:
- Sinäkinkö olet lähtenyt Holkerin porvarilinjoille.
- En minä niinkään, mutta meidän kissa.

- Miksipä poliitikko meni kalaan nauhurin kanssa?
- Hän kalasti ääniä.

Anna miehelle kala ja hän tulee toimeen päivän - opeta hänet kalastamaan ja hän katoaa pariksi päiväksi järvelle juomaan kaljaa.

Onkimies istuskeli järven rannalla katselemassa kauniin nuoren neitokaisen riisuutumista. Juuri kun neito oli ilkosillaan pulahtamassa veteen, huusi onkija:
- Tällä rannalla uiminen on kiellettyä.
- Olisitte sanoneet sen ennen kuin ehdin riisuutua, huusi harmistunut tyttö takaisin.
- Riisuutumista ei ole kielletty.

Porvoossa oli parikymmentä vuotta sitten sähkötarvikeliike, jonka omistaja oli kova kalamies, joten sieltä sai myös uistimia.

Maalaispoikana kaupunkiin muuttaneena se oli lähin paikka, josta kävin täydentämässä joenpohjan ja koivujenlatvan harventamaa uistinvalikoimaa.
Kaupassa oli myös kylpyammeen kokoinen akvaario, jossa lillui puolimetrinen sähköankerias.
Varoituslappu kertoi lötkön nimeksi "Woltti" ja siinä kiellettiin ankarasti koskemasta akvaariota sähköiskun uhalla.
Kyselin kerran kauppiaalta lähemmin Woltista. Hän kertoi sen saalistavan ja tainnuttavan ruokansa sähköllä ja pasauttavan sähköiskun myös säikähtäessään jotain. Kauppias nauroi minulle, kun sanoin hänelle, etten tuota usko.
Hän kertoi, että edellisellä viikolla viereisestä Keppana-pubista oli tullut päihtynyt sekatyömies, joka oli pyytänyt nähdä ankeriaan, josta hänelle oli pubissa kerrottu.
Ennen kun kauppias oli ehtinyt estämään miestä, oli ukko sanonut: "Minäpoika olen sen verran vetänyt virveliä ja tiedän satavarmana, että mistään hauesta ei voi tulla sähköiskua!"
Tämän jälkeen hän oli lyönyt molemmat kätensä ruokalevolla uinuvan Woltin ammeeseen.
Wolttiparka oli tästä säikähtänyt ja vääntänyt kunnon sähkötällin hädissään.
Poliisipartio oli käynyt noutamassa pyörtyneen kalamiehen haaveihinsa. Kovia kokeneen miehen päähän jouduttiin laittamaan sairaalassa tikkejä, koska oli kaatunut selälleen lamppuhyllyn päälle. Takapuolelta sotkeutuneet housut hän joutui itse pesemään.

Nykynuoriso aina purnaa kouluruoasta. Pikku-Liisa sanoi yhtenä päivänä opettajalle:
- Miksi meillä on niin monesti kalaruokaa. Minä haluaisin välillä lihaa, vaikka hirven lihaa.

- Mutta Liisa hyvä, ymmärräthän sinä, ettei meillä voi olla metsä täynnä miehiä hirvijahdissa vain sen vuoksi, että sinä saisit hirven paistia, opettaja hämmästeli.
- Mutta kuinkas ne samat miehet sitten kuitenkin ongella ehtivät istua?

Mikä oli Kekkosen aikana Suomen kansalliseläin?
- En tiedä, kerro.
- Se oli hylje: kalju, niljakas ja kova kalastamaan.

Viinat ovat kortilla syrjäseuduilla ja saaristossa. Niinpä Alko on alkanut toimittaa tuotteitaan etäällekin, tulevat vaikka linja-autolla perille. Niinpä kustavilaiskalastaja soitti Uudenkaupungin Alkoon ja tilasi korin olutta, kaksi Kossua ja konjakkipullon.
- Milloinkahan nämä sitten on Kustavissa?
- Jaa, se riippuu ihan siitä, missä tahdissa niitä juo, arvioi tilauksen vastaanottaja.

Virkistyskalastaja Kutramoinen kertoi naapurille viime kalaretkestään ja siitä isosta vonkaleesta, joka oli päässyt karkuun.
- Se kala oli ainakin näin pitkä, retosteli Kutramoinen käsiään levitellen. En ole ikinä kuunaan nähnyt niin suurta kalaa.
- Sen kyllä uskon, vastasi naapuri happamesti.

Näkkäläjärven paliskunnan poroisännän poika lähti opiskelemaan lakia Helsingin yliopistoon. Isä antoi lähtiessä matkaan reilun tukun rahaa ja evästi.

- Elä sitten siellä Helsingissä niin kuin täällä kotona, niin kyllä sinä pärjäät ja rahat riittää siellä pääkaupungissa.
Meni pari viikkoa ja poika soitti isälleen, että lähetä lisää rahaa.
- No etkö muistanut neuvojani, kysyi isä.
- Muistin kyllä. Olen syönyt aivan samaa kuin kotonakin, joka päivä poroa ja lohta sekä iltapalaksi riekkoa.
Oli käynyt joka ilta Hotelli Kämpissä.

Ammattikalastaja Pyytönen oli sairastunut vakavasti ja joutui ensimmäistä kertaa eläissään sairaalaan. Tutkimuksia tekevä lääkäri sanoi:
- Olisi se Pyytönen sentään voinut vähän peseytyä kunnollisemmin, kun kerran tiesitte tänne sairaalaan joutuvanne.
- Tietysti, tietysti herra tohtori. Mutta kun minä luulin, että minussa on vikaa sisäpuolella.

Kolme miestä oli kalalla Pielisjärvellä. Yhden pohjaonkeen tarttui vanha limoittunut pullo, semmoinen patenttikorkilla varustettu. Kun hän avasi pullon, tuli sieltä esille henki. Valitettavasti tämä henki oli niin voipunut pitkästä pullossa olosta, että se jaksoi toteuttaa ainoastaan yhden miesten toiveen. Nyt miettivät kalakaverit yhdessä, mikä olisi sellainen asia, jota he kaikki toivoisivat tapahtuvaksi. Lopulta he pyysivät henkeä muuttamaan koko Pielisen olueksi. Kuului Poks ja vesi muuttui vaahtoavaksi olueksi. Miehet ammensivat olutta aikansa riemulla, kunnes yksi tokaisi:
- Himputin himputti, olisi pitänyt miettiä tarkemmin.
- Miten niin ihmettelivät muut
- Nyt meidän on pakko pissiä veneeseen.

Kemian opettaja antoi peruskoulun oppilailleen alkoholivalistusta. Hän laittoi pöydälle kaksi lasia, kaatoi toiseen vettä ja toiseen Koskenkorvaa. Sitten hän pudotti kumpaankin lasiin madon.
- Kas niin, oppilaat, hän sanoi. - Seuratkaapa miten madoille käy.
Vesilasiin pudotettu mato kiemurteli niin kuin madoilla on tapana, mutta Koskenkorvaan pudotettu mato ei kauan sätkinyt vaan putosi kuolleena lasin pohjalle.
- No niin, mitä voimme päätellä tästä kokeesta? opettaja kysyi luokalta.
Kallen käsi oli heti pystyssä takapenkillä.
- Jos juo Koskenkorvaa, ei takuulla saa matoja!

Eevertti palasi kotiin viikon kestäneeltä kalamatkalta Kallavedelle ja kertoi kokemuksistaan.
-Oli se hirveätä. Heti ensimmäisenä päivänä loppuivat kossu ja viski ja kolmannen päivän jälkeen ei enää ollut edes olutta. Olimme kuolla janoon.
Vaimo muistutti ivallisesti:
-Olihan teillä järvi täynnä vettä.
Eevertti tuhahti:
-Ei sellaisessa tilanteessa kukaan ajatellut uimista.

Miesmuisti on kalastuksessa käytetty ajan mittaamiseen tarkoitettu yksikkö. Miesmuisti voi tarkoittaa kahta asiaa: vuosista puhuttaessa korkeintaan kolmen vuoden jakso tahi sitten se tarkoittaa liiallisten nostoryyppyjen ottamisen vuoksi unohtuneita tunteja.

Verkkokalastusta

Vanhassa Egyptissä 1600 ekr oli faarao kyllästynyt vähän kaikkeen ja murjotti. Hovimiehet miettivät, miten saataisiin virtaa kolmikymppiseen valtion päämieheen. Viimein saatiin ennustajalta varma vihje:

- Pitää lähettää alas Niiliä laivalastillinen nuoria naisia, jotka on puettu pelkkiin kalaverkkoihin. Sitten pitää yllyttää faarao kalastamaan.

Kyllä sitä ennen vanhaan tuli verkolla kaloja kun isäukon kanssa kalastettiin Suininkijärvellä. Välillä piti viedä kaloja vähemmäksi rantaan, ettei vene olisi uponnut. Verkkoja laskettaessa piti aina arvuutella, montako uskaltaa laskea, jotta jaksaa aamulla nostaa verkot veneeseen, kerkiää selvitellä ne ja perata ja suolata kalat. Ja että riittääkö suolat.

Mahtaako olla hyväkin pyytämään tuo verkko, kysyi lomalainen tarkkailtuaan savolaisisäntää, kun tämä selvitteli kalaverkkojaan rannassa.

- On se hyvä verkko – tosin siinä on liian paljon reikiä.

Ukko ihmetteli toisen kalansaaliita. - Miten saat niin hyviä saaliita verkolla?

- Jos emäntä nukkuu aamulla oikealla kyljellä, lasketaan verkot veneen oikealta puolelta. Jos emäntä makaa aamulla vasemmalla kyljellä, lasketaan veneen vasemmalta puolelta. Jos emäntä on vatsallaan, lasketaan verkot veneen perästä.

- Entäs jos eukkosi on aamulla selällään?

- Silloin ei lähetä ollenkaan verkoille.

Muutamana erittäin poutaisena kesäpäivänä sallalainen isäntä lähti joskus 1950-luvulla kokemaan muikkuverkkoja ja kun häneltä sitten tiedusteltiin saaliista tuli vastaus:
- Mitäpä sieltä tuli. Vahinkoa vain tuli, kun verkot järveen paloivat.
Vastausta kovasti ihmeteltiin, mutta tottahan oli ukko puhunut. Oli laskenut verkkonsa hyvin matalaan veteen ja kahvinuotioista oli tuli jotenkin tarttunut tuohisiin verkonkäpryihin (yläpaulan kohoihin), jotka sitten peräkkäin paloivat veden pinnalla, verkon havaksenkin kärsiessä vähän vahinkoja.

Eduskuntavaalien jälkeen olivat kaikki kansanedustajat ja ministerit tuttuja Kuusamossa. Määttä oli 6-vuotiaan poikansa kanssa siikaverkoilla Kuusamojärvellä. Kaloja tuli harvakseltaan, mutta sitten jutkahti verkosta puolitoistakiloinen ahven, oli käärinyt itsensä hyvin verkkoon.
- Kato isi, ihan kuin Väyrynen, silmätkin eri puolilla päätä, iloitsi nuori kepulainen.

Katohan Määttä kun on tullut mukavasti muikkua. Melkein kaksi ämpärillistä yhdessä verkossa, virnisteli Lämsä aamuvarhaisella Kuusamojärvellä.
- No on muikkuja mennyt verkkoihin, myhäili Määttä. Monta sataa muikkua melkein jokaisessa verkon silmässä. Hyvä ettei parhaassa kaksi.

Kiitokset kalajuttujen kertojille

Tässä kirjassa on lukuisten kalamiesten kertomia juttuja, joita kirjan toimittaja on merkinnyt muistiin vuosikymmenten aikana eri tilanteissa: kalareissuilla, nuotiotulilla, ja muissa sellaisissa tilanteissa, joissa on tapana kertoa mukavia juttuja. Osa kertojista on jo siirtynyt autuaimmille kalavesille, mutta heidän kertomansa kalajutut lämmittävät vieläkin mieltä. Hienoista hetkistä ja kalajutuista kiitokset kaikille heille ja erityiset kiitokset seuraaville:

Ahlberg Pertti Virolahti, Ahonen Markku Inari, Ahvenniemi Antero Espoo, Aikkila Kyösti Kuusamo, Alapuranen Jaakko Rovaniemi, Alm Jouni Rovaniemi, Aro Markku Helsinki, Guttorm Veikko Utsjoki, Hagman Jari Lahti, Hakala Veikko Korpilahti, Happonen Juha Vilppula, Hiekkavirta Taisto Helsinki, Huuskonen Seppo Oulu, Hytönen Veikko Pudasjärvi, Hyytinen Lasse Mikkeli, Janhonen Ilkka Jyväskylä, Jantunen Pekka Sodankylä, Joensuu Olavi Oulu, Jurmu Jouko Posio, Kaikkonen Antti Järvenpää, Karsikas Vesa Järvenpää, Karvinen Pauli Helsinki, Keto Juha Lahti, Kiiskinen Päivi Joensuu, Kilpijärvi Seppo Kuusamo, Kolari Ismo Tampere, Korpua Kimmo Kuusamo, Korpua Paavo Kuusamo, Leikas, Tero Järvenpää,,Liekonen Eero Kemijärvi, Liukkonen Mikko Rovaniemi, Lähteenmäki Mauri Turku, Mononen Jarmo Kuopio, Munne Pentti Helsinki, Myllylä Toivo Kuusamo, Mäkinen Teuvo Taipalsaari, Niemi Asko Kouvola, Nyberg Kari Helsinki, Orpana Ville Tervo, Puttonen Aarne Puumala, Regelin

Juha Oulu, Pajunen Tapio Kerava, Pakarinen Onni Konnevesi, Pesonen Sonni Äkäslompolo, Pirttijärvi Jukka Raahe, Pulakka Jukka Nokia, Pura Martti Sodankylä, Rahikka Pertti Helsinki, Rantanen Asko Hauho, Salminen Seppo Kuusamo, Salokannel Mikko Kuusamo, Sarlund Seppo Helsinki, Soininen Jukka-Pekka Vehmersalmi, Soljento Risto Kotka, Suomus Heikki Helsinki, Säntti Jukka Pello, Särömaa Matti Helsinki, Tarikka Risto Anttola, Turtiainen Kare Helsinki, Tuunainen Olli Rovaniemi, Tuunainen Pekka Helsinki, Uitti Anssi Helsinki, Vesa Risto Vantaa, Vetikko Jaana Helsinki.

Lisää kalajuttuja:

Markku Myllylä 1994; Jodlaava Matikkakoira. Suuren kalavitsikilpailun parhaat palat. 128 ss. Kapa Oy.

Muistiinpanoja: